Alexander Mehlmann

Strategische Spiele
für Einsteiger

Alexander Mehlmann

Strategische Spiele für Einsteiger

**Eine verspielt- formale Einführung
in Methoden, Modelle und
Anwendungen der Spieltheorie**

vieweg

Bibliografische Information Der Deutschen Nationalbibliothek
Die Deutsche Nationalbibliothek verzeichnet diese Publikation in der
Deutschen Nationalbibliografie; detaillierte bibliografische Daten sind im Internet über
<http://dnb.d-nb.de> abrufbar.

Prof. Dr. Alexander Mehlmann
Technische Universität Wien
Institut für Wirtschaftsmathematik
Argentinierstraße 8
A-1040 Wien

alexander.mehlmann@tuwien.ac.at

1. Auflage Mai 2007

Alle Rechte vorbehalten
© Friedr. Vieweg & Sohn Verlag | GWV Fachverlage GmbH, Wiesbaden 2007

Lektorat: Ulrike Schmickler-Hirzebruch | Susanne Jahnel

Der Vieweg Verlag ist ein Unternehmen von Springer Science+Business Media.
www.vieweg.de

Umschlagfoto (Schachbrett): Dr. Gernot Tragler, Wien
Umschlagfoto (Autor): Dr. Peter M. Winter, Wien

Umschlaggestaltung: Ulrike Weigel, www.CorporateDesignGroup.de
Druck und buchbinderische Verarbeitung: MercedesDruck, Berlin
Gedruckt auf säurefreiem und chlorfrei gebleichtem Papier.

ISBN 978-3-8348-0174-6

Für **Grace**, meinen allerliebsten Widerpart,
und **Sabrina**, unseren gemeinsamen Spielwert

Vorwort

Blödem Volke unverständlich
treiben wir des Lebens Spiel.
Gerade das, was unabwendlich,
fruchtet unserm Spott als Ziel.

Magst es Kinder–Rache nennen
an des Daseins tiefem Ernst;
wirst das Leben besser kennen,
wenn du uns verstehen lernst.
Christian Morgenstern. Galgenberg

Keine andere mathematische Disziplin hat die Denkmuster der Wirtschafts– und Sozialwissenschaften und den Methodenkanon der Biologie so verändert, wie es (in den 60 Jahren ihres Bestehens) die Spieltheorie vermochte. Soziale Fallen, politische Scheingefechte, evolutionäre Konfrontationen, ökonomische Verteilungskämpfe und nicht zuletzt literarische Streitfälle sind alle ihrem wesentlichen Gehalt nach „Spiele" dieser Theorie.

Dieses Buch wendet sich an Leser, die bereit sind, sich aus dem Blickwinkel einer zugleich formalen wie für die Praxis bedeutsamen Lehre den mannigfaltigen Konflikten des Lebens, der Wissenschaft und der Literatur zu stellen.

Um den spieltheoretisch nicht vorbelasteten Laien an wesentliche Aufgabenstellungen, Modelle und Begriffe heranzuführen, bedarf es keineswegs der Weiheakte einer mathematischen Ausbildung. Logisches Denkvermögen, das selbst vor unterhaltsamer Rabulistik nicht zurückschreckt, ist alles, was nötig ist, um das Spiegelkabinett strategischer Entscheidungen unbeschadet zu durchschreiten.

Dieser unbeschwerten Ausflug in die Ideenwelt des strategischen Kalküls soll anhand von Formeln, Fabeln und Paradoxa erfolgen. Die Stationen dieser Reise untermauern die reine Mathematik des

Konfliktes, entwirren den Ariadnefaden, der durch das Labyrinth der Lösungskonzepte führt, und entschlüsseln die Mythen der Spieltheorie.

Der Bogen dieses zum Teil verspielten und phasenweise formal bemühten Einstiegs in die moderne mathematische Spieltheorie sprengt den Rahmen, der vor 10 Jahren mit „Wer gewinnt das Spiel – Spieltheorie in Fabeln und Paradoxa" aus der Reihe Facetten des Vieweg Verlages abgesteckt wurde.

Das populärwissenschaftliche Gerüst des Büchleins konnte sich zwar Semester um Semester im Vorlesungsbetrieb der Technischen Universität Wien bewähren; die Notwendigkeit, die behandelten Stoffgebiete zu überdenken und zu ergänzen, stand jedoch Pate für die vorliegende Fassung einer „Spieltheorie für Einsteiger".

Es galt, eine Einführung in die Theorie mathematischer Spiele zu ermöglichen, die sowohl den kulturellen Aspekten strategischer Konfliktsituationen als auch den mathematischen Grundlagen die ihnen gebührende Aufmerksamkeit widmet.

Die Ideenwelt des spieltheoretischen Kalküls ist derart eng mit logischen Paradoxien, philosophischen Fragestellungen und nicht zuletzt literarischen Parabeln verknüpft, dass ein zugleich erfolgreiches wie unterhaltsames Lehren und Lernen spieltheoretischer Zusammenhänge nur im ausgewogenen Zusammenspiel zwischen einer mathematisch orientierten Darstellung und der illustrativen Anwendung des formalen Apparats auf ökonomische, politische, soziale und populationsdynamische Konfliktsituationen gelingen kann. Mit einer beispielhaften Synthese aus mathematischem Lehrbuch und populärwissenschaftlichem Gehalt soll das Interesse der Studierenden an den faszinierenden interdisziplinären Facetten der Spieltheorie geweckt und gefördert werden.

Ich lade den geneigten Leser ein, mir auf diesem neubeschrittenen Weg zum Verständnis der Spieltheorie zu folgen.

Wien, im April 2007   Alexander Mehlmann

Danksagung

He thought he saw the Unicorn, the Virgin's wildest pet,
He looked again and saw it was a Long Outstanding Debt.
He wrote and wrote and wrote and wrote – and hasn't written yet.
G.K. Chesterton. An apology for not writing

Ein Buch zu schreiben, ist sicherlich ein Geduldsspiel, manches Mal geradezu ein Vabanquespiel. Jedoch niemals zur Gänze ein Einpersonen-Spiel. Mein Dank gilt folgenden Mitspielern:

- **Grace** und **Sabrina** für die familiäre Duldung der geistigen Abswesenheit, die Buchautoren oftmals an den Tag legen

- **Ulrike Schmickler-Hirzebruch** vom Lektorat Vieweg für die optimale Begleitung durch die endlos scheinenden Phasen der Manuskripterstellung

- dem **Institut für Wirtschaftsmathematik** der TU Wien für die kollegiale Atmospäre im Spiel der Wissenschaft bei knappen Ressourcen

- den **Studierenden** für die wache Neugierde, die absolut keine Spielverderber zulässt

- den jugendlichen wie auch den reifen Besuchern des **math.space**[1] für ihre Aufgeschlossenheit den literarischen Spielen gegenüber

---

[1] Eine von österreichischen Mathematikern und Kulturtheoretikern ausgehende, im Wiener MuseumsQuartier angesiedelte, vom Bundesministerium für Unterricht, Kunst und Kultur finanzierte und von der Stadt Wien und einigen privaten Institutionen unterstützte Initiative, die seit 2003 beharrlich und erfolgreich das Ziel der populären Vermittlung der Mathematik und ihrer kulturellen Aspekte verfolgt.

Inhaltsverzeichnis

Abbildungsverzeichnis

xiv

Kapitel 1
Einleitung
oder
Alles ist Spiel

1.1 Das Spiel beginnt

> Gelegentlich ergreifen wir die Feder
> Und schreiben Zeichen auf ein weißes Blatt,
> Die sagen dies und das, es kennt sie jeder,
> Es ist ein Spiel, das seine Regeln hat.
> **Hermann Hesse.** *Das Glasperlenspiel*

Als Hermann Hesses *Glasperlenspiel* ([53]) 1943 in Zürich erschien, wäre wohl ein jeder verlacht worden, der die Geschichte vom Spiel des Intellekts für mehr als eine literarische Fiktion gehalten hätte. Nur wenige Monate später hatte die Sternstunde der Spieltheorie die Koordinaten des Wissens verschoben und die recht eigenartigen Parallelen zwischen Dichtung und Theorie waren bereits erkennbar. Das Instrument, dessen sich von Neumann[1] und Morgenstern[2] in ihrer grundlegenden Monographie *Spieltheorie und wirtschaftliches Verhalten* ([89]) bedienten, um die geistigen Werte der Menschheit

---

[1] Der Mathematiker **Johann** (**John**, auch **János**) **von Neumann** (1903 in Budapest geboren, 1957 in Washington, D.C. verstorben) wirkte nach einem Studium der chemischen Verfahrenswissenschaften (Zürich) und der Mathematik (Budapest) als Privatdozent in Göttingen, Berlin und Hamburg, und ab 1933 als Professor am Institute for Advanced Studies in Princeton.

[2] **Oskar Morgenstern** (1902 in Görlitz geboren und 1977 in Princeton verstorben) lehrte bis 1938 als Professor der Nationalökonomie in Wien, danach an den Universitäten von Princeton (bis 1970) und New York.

zum Klingen zu bringen, war unbestrittenermaßen die Mathematik. Und dennoch, wenn man die Vorgeschichte dieses Glasperlenspiels durch die Jahrhunderte zurückverfolgt, stößt man an allen Ecken und Enden auf jenen reichhaltigen Schatz an Motiven und Situationen, der – von den unterschiedlichsten Disziplinen beigesteuert – die Entwicklung der Spieltheorie maßgeblich beeinflusst hat.

Traditionelle Historiographen pflegen die knorrigen Wurzeln spieltheoretischer Argumentationen nur bis in die Spielhöllen der Spätrenaissance oder des Frühbarocks zurückzuverfolgen. Aus der Sicht der aleatorischen sowie der kombinatorischen Spieltheorie scheint dies eine durchaus korrekte Rückwärtsrechnung zu sein. Strategisches Denken lässt sich jedoch weitaus früher nachweisen. Die griechische Mythologie und die Erzählungen der hebräischen Bibel erweisen sich ebenfalls als unerschöpfliche und faszinierende Fundgruben spieltheoretischer Muster.

Die ersten mathematischen Arbeiten über das Glücksspiel können mit Autorennamen aufwarten, die durchaus zur ersten Garnitur der Mathematikgeschichte gehören. Cardano und Galilei widmeten die Aufmerksamkeit den losen Chancen und Augen beim Würfelspiel. Pascal und Fermat erläuterten in ihrer klassischen Korrespondenz die grundsätzlichen Wett- und Auszahlungsprobleme des Spielers Chevalier de Méré. Mit Christiaan Huygens [56] ist schließlich der Startpunkt einer Entwicklung erreicht, an deren Ende die heutige Wahrscheinlichkeitstheorie steht.

Bereits im Jahre 1612 errechnete Bachet de Méziriac in [80] die Gewinnpositionen eines einfachen kombinatorischen Spiels. Zwei Gegner fügen abwechselnd eine Zahl zwischen 1 und 10 der allseits bekannten Zwischensumme hinzu. Das Spiel beginnt bei 0 und es endet für denjenigen Spieler siegreich, der als Erster die Gesamtsumme 100 erreicht. Und da Méziriac in unnachahmlicher Weise Zahlen- und Dichtkunst bei seinen Aufgabenstellungen vereinte, werden wir sein Zahlensack-Problem ebenfalls in Reime schmieden:

Kasten 1.1: Der Zahlensack des Méziriac

Es hält der Sieur de Méziriac
Für Euch bereit den Zahlensack:
Greift mit Bedacht die erste Zahl;
Von 1 bis 10 habt Ihr die Wahl.
Danach fügt Méziriac im Nu
Zu Eurer seine Zahl hinzu.
Und, wechselweise, ernst und heiter
Klettert man hoch die Zahlenleiter.
Doch seid beim Kraxeln auf der Hut
Und wählet klug und wählet gut!
Gewinn sich fröhlich jedem zeigt,
Der erstmals auf die 100 steigt.

Méziriacs Lösung des Zahlensack-Problems verwendet implizit das erst später entwickelte Verfahren der Rückwärtsrechnung, um die magischen Zahlen abzuleiten, die jeweils dem ersten (oder dem zweiten) Spieler einen sicheren Gewinn zugestehen. Anhand einer einfachen Überlegung lassen sich diese Strategien leicht entwerfen.

Es gewinnt nämlich stets derjenige Spieler, der als Erster die 100 erreicht. Um den eigenen Gewinn abzusichern, müsste somit ein Spieler bei seiner vorletzten Zahlenwahl nur die Zahl 89 erreichen, um seinem Gegenspieler in dessen letztem Zug maximal das Erreichen der 99 zu ermöglichen. Diese siegreiche vorletzte Zahlenwahl ist jedoch nur dann nicht zu verhindern, wenn der Spieler bei seiner i-ten Zahlenwahl zuvor jeweils die Zwischensumme $(i-1) \times 10 + i$, falls er der erste Spieler ist, oder $i \times 11 + 1$, ansonsten, bilden kann. Falls nun beide Spieler dies nachvollziehen können, steht bereits zu Spielbeginn der Sieger fest: es ist derjenige Spieler, der die erste Zahl nennt. Er wählt die 1 und hat das Spiel bereits zu seinen Gunsten entschieden.

3

Für das Nim-Spiel, eine Verallgemeinerung des Zahlensacks, zeigte Moore 1909 ([81]), dass unter gewissen Umständen Nehmen wahrhaft seliger denn Geben ist. Aus diesen ersten bescheidenen Versuchen entstand der schillernde Apparat der kombinatorischen Spieltheorie.

Waldegrave [122] analysierte im Jahre 1713 ein Umtauschproblem im Kartenspiel *Le Her*, dessen Lösung mit Hilfe einer vom Zufall abhängenden Strategienauswahl beschrieben werden konnte. Diese Ergebnisse gerieten in Vergessenheit; nach deren Wiederentdeckung in den sechziger Jahren des vergangenen Jahrhunderts wurden sie als ein erstes Beispiel für das Auftreten gemischter Minimax-Strategien in antagonistischen strategischen Spielen gewertet. Diese neue Kategorie war inzwischen von Borel 1921-1927 in [16] und [17] beispielhaft umrissen worden; unabhängig davon hatte 1928 von Neumann das Minimax-Theorem allgemein bewiesen [88]. Alles in allem hatten diese Ansätze jedoch kein besonderes Echo ausgelöst.

Es blieb von Neumann und Morgenstern vorbehalten, durch ihre besagte Monographie das Zeitalter der Spieltheorie nachhaltig einzuläuten. Das bereits im Titel verkündete programmatische Ziel sah die Anwendbarkeit dieser neuen Theorie nicht so sehr im ursprünglichen Bereich der Spiele, wie auf dem weiten Feld ökonomischer und sozialer Problemstellungen beheimatet. Und in das Stammbuch aller (welch Widerspruch!) modernen Dogmatiker der Spieltheorie sei vor allem der unbeschwerte Umgang beider Autoren mit den Entscheidungssituationen eindeutig literarischer Provenienz eingetragen, so wie er in der Analyse der Konfrontation zwischen dem Meisterdetektiv Sherlock Holmes und seinem ewigen Widersacher Professor Moriarty[3] seinen Ausdruck findet.

---

[3] Napoleon des Verbrechens, Professor für Mathematik an kleineren Universitäten, Autor der – aus Mangel an geeigneten Fachreferenten – nie besprochenen, jedoch als meisterlich eingeschätzten, *Dynamik eines Asteroiden*. Siehe zusätzlich Arthur Conan Doyles *The final problem* in [28] und Kapitel 2 für eine eingehende Beschreibung des grundlegenden Verfolgungsspiels.

Auf den folgenden Seiten wollen wir dem interessierten Leser einen übersichtlichen, informellen, und nur im notwendigen Maße formalen, Rückblick auf die ersten sechzig Jahre der Spieltheorie ermöglichen. Das Verständnis für Begriffe, Lösungskonzepte sowie Schlussweisen soll auch anhand von Fabeln, Rätsel und Paradoxa geweckt werden, die überraschend tiefe Einsichten in die seltsame Natur strategischen Denkens ermöglichen.

Von den offiziellen Chronisten der Spieltheorie eher unterschätzt, haben derartige Beiträge als Weggefährten dieser neuen Disziplin wesentliche Motive vorweggenommen und nicht zuletzt die starren Grenzen einer durchgehend mathematischen Diktion auf eine recht erfrischende Weise durchlässiger gestaltet. So ist es durchaus nicht verwunderlich, dass sich hinter Seltens (ökonomischem) Handelskettenmodell [112] nichts anderes als Quinns amüsantes Paradoxon vom Gehängten (siehe [43], [55]) verbirgt. Auch das von Flood und Dresher ursprünglich entworfene experimentelle Spiel [40] wurde erst in Gestalt der von Tucker erzählten Anekdote – als geniale Idee des Gefangenendilemmas – zum überstrapazierten Synonym der sozialen und nuklearen Falle.

Die mathematischen Facetten der aufstrebenden Disziplin erhielten ihren Feinschliff an den unerschöpflichen Varianten taktischer Problemstellungen. So künden die Monographien eines Melvin Dresher [35], Rufus Isaacs [58] und Samuel Karlin [62] von Duellen, Verfolgungsspielen, Zermürbungskämpfen und an den Roten Baron gemahnenden *Dogfights*.

Anfang der 50er Jahre hätte es durchaus genügt, sich der Mitarbeiter- und Konsulentenliste der RAND Corporation[4] zu bemächtigen, um ein „Who is who" der Spieltheorie zu erstellen. Der Zeitgeist war im Nullsummendenken verfangen; Dr. Seltsam und seine Mitarbeiter lernten es bei RAND, die Bombe zu lieben.

---

[4] Das Akronym RAND steht für R(esearch) AN(d) D(evelopment). In der unmittelbaren Nachkriegszeit von der Air Force gegründet, bestimmten Fragen der nationalen Sicherheit das Forschungsprogramm dieser Gesellschaft. Unter den RAND-Existenzen findet man die berühmten Namen von Neumann, Nash, Kahn, Karlin, Flood, Dresher, Isaacs, Schelling und Tucker.

Gegen Ende des Jahrzehnts war die anfängliche Begeisterung, die man der Nullsummentheorie entgegenbrachte, selbst in militärischen Zirkeln einer reservierten Ernüchterung gewichen. Zu diesem Zeitpunkt war jedoch die entscheidende Weichenstellung längst schon erfolgt. Ein blutjunger Student der Mathematik veränderte mit den 27 Manuskriptseiten seiner Doktorarbeit die Richtung, in der sich die Spieltheorie entwickeln sollte. Sein Name: John Forbes Nash.

Kasten 1.2: John Forbes Nash

Am 13ten Juni 1928 in Bluefield, Virginia, geboren, absolvierte John Forbes Nash seine Studien in Princeton als Schüler Albert W. Tuckers. Über das MIT (Massachusetts Institute of Technology) kehrte er wenig später als Professor nach Princeton zurück. Das Schicksal hatte ihm nur eine kurze Zeitspanne für die schlagenden Beweise seiner erstaunlich vielseitigen mathematischen Begabung gegönnt. Seit 1959 von einer schweren Erkrankung aus dem Gleichgewicht gebracht, kehrte er in immer seltener werdenden Zwischenspielen in die Welt der wissenschaftlichen Forschung zurück. Erst Mitte der 80er Jahre gelang es Nash, zumindestens teilweise die Krankheit zu besiegen und aus ihrer Isolation auszubrechen.

Es war Nash, der die wesentliche Trennlinie zwischen kooperativen und nichtkooperativen Spielen zog; ihm verdanken wir die kooperative Verhandlungslösung [85], den Vorschlag des Nash-Programmes mit dem Ziel kooperative Situationen als Spielregeln eines neu zu definierenden, nichtkooperativen Spiels anzusetzen [87] und letztlich den Entwurf der universellen Lösung für nichtkooperative Spiele: das *strategische Gleichgewicht* (auch *Nash-Gleichgewicht*[5] genannt).

---

[5] In einem Nash-Gleichgewicht fühlt kein Spieler die Notwendigkeit, sein Verhalten zu ändern, d.h. eine andere als seine (sogenannte) Gleichgewichtsstrategie auszuspielen, da er von den anderen Spielern annehmen kann, dass sie mit ihrer Strategie ebenfalls im Gleichgewicht verharren.

Will man den Einfluss dieser Beiträge auf die moderne mathematische Ökonomie erklären, so kommt man nicht umhin, auf die Leistungen derjenigen zu verweisen, die auf Nashs Fundament [86] und [87] das stolze Gebäude der nichtkooperativen Spieltheorie errichteten.

Jedes Spiel in extensiver Form besitzt eine eindeutige Normalformdarstellung. Reinhard Selten zeigte, dass Gleichgewichte der Normalform nicht notwendigerweise als sinnvolle Lösungen im dynamischen Sinne angesehen werden können. In seinen Schriften [110], [111] schlug er die ersten wesentlichen Verfeinerungen des Gleichgewichtskonzeptes vor.

Kasten 1.3: Reinhard Selten

Am 10ten Oktober des Jahres 1930 in Breslau geboren, fühlte sich Reinhard Selten frühzeitig zur Mathematik hingezogen. Die Studienjahre verbrachte er in Frankfurt, wo er bei Burger seine Magisterarbeit über ein Thema der kooperativen Spieltheorie verfasste. Nach ersten Arbeiten auf dem Gebiet der experimentellen Ökonomie, etablierte sich Selten in kürzester Zeit als einer der innovativsten Forscher im Bereich der Spieltheorie. Auf Professuren in Berlin und Bielefeld folgte bereits 1984 die Berufung auf den Lehrstuhl für wirtschaftliche Staatswissenschaften, insbesondere Wirtschaftstheorie, der Universität Bonn. Besonders bemerkenswert ist Seltens Neigung zur wissenschaftlichen Kooperation und seine durch zahlreiche Arbeiten auf dem Gebiet der Politologie, der Biologie und der Psychologie erprobte Interdisziplinarität.

John Harsanyi erweiterte die Gültigkeit der Analyse von Gleichgewichten auf Spiele mit unvollständiger Information. Er zeigte in [48], [49] und [50], wie man mittels eines Bayes'schen Ansatzes ein Manko an Information in eine Art quantifizierbarer Ungewissheit[6] verwandeln kann.

---

[6] Ein Beispiel für diese Vorgangsweise werden wir in Kapitel 4 kennenlernen.

Kasten 1.4: John Harsanyi

John Harsanyi kam am 29ten Mai des Jahres 1920 in Budapest zur Welt. In den Wirren der Nachkriegszeit musste er als politischer Flüchtling das Land verlassen. Der Ausbildung nach Philosoph, studierte er in der neuen Heimat Australien und danach an der Universität Stanford Ökonomie. Er bekleidete eine Professur in Detroit und wurde 1964 nach Berkeley berufen. Zu seinen bedeutendsten Forschungsgebieten zählen unter anderem die Verhandlungstheorie und die nutzentheoretisch begründbare Ethik.

In Anerkennung ihrer bahnbrechenden Arbeiten [86], [87], [110], [111], [48], [49] und [50], überreichte die Königlich Schwedische Akademie der Wissenschaften den Nobelpreis des Jahres 1994 für Wirtschaftswissenschaften zu gleichen Teilen an Nash, Harsanyi und Selten.

Die Spieltheorie hat ihre Aufgabe vor allem darin gesehen, die interaktiven Verhaltensweisen der Spieler bei der Suche nach einer Lösung (und erst in zweiter Linie die Lösung selbst) zu untersuchen. Der wesentlicher Vorteil dieses Ansatzes liegt auf der Hand. Die Methoden der Spieltheorie hängen nicht jeweils von der gerade untersuchten spezifischen Konfliktsituation ab.

Der allgemeingültige Charakter ihrer Aussagen und Konzepte muss sich andererseits ständig der Kritik der Empirie und des Experiments stellen und sich letztlich im Test der breitgefächerten, speziellen Anwendungen bewähren.

Als einer der maßgeblichen Vordenker der Spieltheorie, plädiert Robert Aumann – gemeinsam mit Robert Schelling Träger des Nobelpreises für Wirtschaftswissenschaften 2005 – aus den vorerwähnten Gründen (siehe [3]) für ihre Umbenennung in *Interaktive Entscheidungstheorie*, um überdies den historisch gewachsenen (auf Gesellschaftsspielen fußenden) Spielbegriff, der in der einschlägigen

Literatur nur noch eine geringe Rolle spielt, auszuräumen. Dieser Haltung lässt sich ein Ausspruch Martin Shubiks[7] entgegenstellen: *I don't believe any game that can't be played as a parlor game.*

Zwischen diesen beiden Positionen werden wir unseren Pfad durch die Ideenwelt des strategischen Kalküls bahnen.

1.2 Literarische Spieltheorie

Edgar Allan Poes Erzählung[8] *Der entwendete Brief*, 1845 und somit 99 Jahre vor Geburt der Spieltheorie erschienen, enthält die erste literarische Analyse eines Zweipersonen-Nullsummenspiels.

„Das Spiel ist ganz simpel ; " – sagt Dupin (Poe?!) – *„man nimmt dazu nur ein paar Murmeln. Ein Spieler hält eine Anzahl dieser Dinger in der Hand und fragt einen andern, ob diese Zahl grad oder ungerad sei. Wenn richtig geraten wird, gewinnt der Rater eine Murmel; wenn falsch, verliert er eine. "*

In Poes Erzählung ist die Strategie des immerzu gewinnenden Schülers pur und simpel die Identifikation mit dem Intellekt des Gegenspielers. Ein teuflisches Verfahren, dem nur die optimale gemischte Maximin-Strategie Paroli bieten kann; sie besteht ja gerade darin, den Intellekt auszuschalten und Gerade oder Ungerade mit 50% Wahrscheinlichkeit zu spielen.

In *Die neue Kosmogonie* [72] – eine fiktive, als Nobelpreisrede (für Physik) des Mathematikers Testa getarnte, Geschichte – lässt Stanisław Lem Spieltheoretisches verspielt anklingen. Der Kosmos ist in Wahrheit ein palimpsestisches Spielfeld für ein nichtkooperatives Spiel, das zwischen „parsekmilliardenweit voneinander entfernten, in den Knäueln der Sternnebel verborgenen Intelligenzen" ausgetragen wird. Es besteht keine Kommunikation zwischen den Spielern;

---

[7] In [113] lassen sich weitere Shubik'sche Perlen aus der Schatzkammer der Spieltheorie bewundern.

[8] siehe [93], S. 299-324

um diese Restriktion aufrechtzuerhalten, haben sie die Schranke der Lichtgeschwindigkeit[9] ins Spiel gebracht – eine wahrlich elegante Begründung für das *silentium universi*.

Als Spieltheoretiker ist man der Faszination dieser Vorstellung hilflos ausgeliefert. Statische Situationen können wohl ohne Zögern über Bord geworfen werden und was die Dynamik des Universums betrifft: da wird man wohl mit eher ungewöhnlichen Differentialgleichungen auskommen müssen. Testa tröstet uns schließlich über unser spieltechnisches Unvermögen hinweg. Jeder Spieler handle nach einer Art Minimax-Strategie: die bestehenden physikalischen Bedingungen sind im Sinne der Maximierung des gemeinsamen Nutzens bei Minimierung des Schadens zu ändern; als Preis steht letzten Endes ein den Spielern genehmer Gang der Weltenuhr aus.

Die neue Kosmogonie ist als Metapher eines Weltbildes, in dem alles Spiel ist, zu sehen. Wie sehr jedoch Lems Spiele im und mit dem Universum ernst zu nehmen sind, vermerkt man an seinem Essay *Sade und die Spieltheorie* [73], dessen Argumentationsketten gänzlich dem Bereich spieltheoretischer Konstruktionen zuzuordnen sind; ein bewundernswürdiger *tour de force*.

Im Bestreben das Theoretisieren über Literatur spieltheoretisch zu betreiben, entwickelt Lem eine häretisch- imaginative Typologie der Phantastik, die wir ihrer Essenz nach kurz beschreiben wollen.

Im Unterschied zur Wissenschaft, die die Welt als unparteilichen Spielgegner des Menschen ansieht, postulieren Kunst und Religion eine Parteilichkeit Gottes und der Welt dem Menschen gegenüber. Gelänge es letztlich diese Parteilichkeit spieltheoretisch nachzuweisen, so hätte man den langgesuchten mathematischen Gottesbeweis.

Die phantastische Literatur unterscheidet nun, dem Wesen der Parteilichkeit nach, drei Grundtypen: das Märchen, die Utopie und die Dystopie. Im Sinne der Spieltheorie ist das Märchen – und an dieser Stelle folgen wir atemlos der Lem'schen Notation – ein Nullsummenspiel mit fehlender Gewinnstrategie für die negativen Gestalten; symmetrisch dazu gibt es für den Helden jedoch keine

---

[9] die man letztlich durch Quantenteleportation überzeugend überwinden würde; sowas passiert halt, wenn die *science* die *fiction* rechts überholt.

Strategie, mit der er verliert. Die Utopie ist eine immerwährende Gewinnauszahlung nach Lösung eines Konfliktes, von dem man wohlweislich nichts erfährt. Schlägt das Pendel der Parteilichkeit in die negative Richtung aus, gelangt man zu den entsprechenden Definitionen des Antimärchens und der Dystopie.

Während jedoch die Dystopie eine durchaus bekannte Spielart der Phantastik ist, taucht das Antimärchen nirgendwo in der Folklore auf; es entspricht jedoch – so Lem – in der Analogie dem Werk des Marquis de Sade. Der Mischtyp des Mythos, der Realität am nächsten, da mit einer unbestimmten Bewertung der Parteilichkeit ausgestattet, ist letztlich ein Nichtnullsummenspiel mit einer recht unbekannten Auszahlungsfunktion – armer Ödipus!

Es sind jedoch nicht allein die literarischen Annäherungen an das Spiel, die uns interessieren sollten. Vorobjoff verweist in [120] vor allem auf die immense Erfahrung der Literatur in der Beschreibung und Analyse grundlegender Konflikte. Die Gegenüberstellung des Verhaltens der an Konflikten Beteiligten, das die Spieltheorie als optimal ansieht, und dessen Auflösung im Spiegel der Kunst und Literatur hat Spieltheoretiker schon immer fasziniert.

So verdanken wir unter anderem Rapoport[10] [97] den ungetrübten Kunstgenuss eines Gefangenendilemmas für Opernliebhaber (im Kasten 1.5), das in wahrhafter interdisziplinärer Umklammerung Musik, Mathematik und Karikatur als Leitmotiv spieltheoretischer Gedankengänge verwendet.

Die Bandbreite der von Brams vorgenommenen (und für das Jahr 1994 durchaus aktuellen) Bestandaufnahme [19] spieltheoretischer Modelle literarischer Konflikte enthält Shakespeare'sche Dramen [70], [118], biblische Spiele [18] und mittelalterliche Heldenlieder [90].

---

[10] Anatol Rapoport, desen Tod die spieltheoretische Gemeinschaft dieses Jahr zu beklagen hat, verdankt der Autor dieser Zeilen auch die ersten entscheidenden Fingerzeige auf den Weg zur mathematischen und literarischen Spieltheorie.

Es ist nicht mein Bestreben, diese reichhaltige Liste um jeden Preis zu erweitern. Die in den nächsten Kapiteln präsentierten Beispiele literarischen Zuschnitts verfolgen neben der didaktischen Aufgabe das zusätzliche Ziel, literarische Motive aus dem Blickwinkel der mathematischen Spieltheorie zu betrachten.

Kasten 1.5: Rapoports Tosca-Paraphrase

In einem verzweifelten Versuch ihren, bereits vor einem Erschießungspeloton stehenden, Liebhaber Cavaradossi zu retten, lässt sich Tosca auf eine fatale Vereinbarung mit dem Schergen Scarpia ein. Sie ist bereit, sich ihm hinzugeben, falls er vorher dafür sorgt, dass die Exekution mit Platzpatronen und zum Schein erfolgt. Der Strudel eines Gefangenendilemmas reißt Tosca und Scarpia publikumswirksam in die Tiefe, nicht ohne beiden eine letzte Gelegenheit zu einer Arie einzuräumen. Jeder von beiden bricht die Vereinbarung durch die Wahl seiner strikt-dominanten Strategie. So hat Scarpia den Befehl zum Patronentausch heimlich konterkariert; Tosca, ihrerseits, ersticht den Liebestollen bei der ersten Annäherung mit einem offenbar auf offener Bühne vom Requisiteur vergessenen Messer. (Die von Rapoport postulierten Auszahlungswerte für Tosca und Scarpia stehen an Glaubwürdigkeit dem Opernlibretto um nichts nach.)

Kapitel 2
Nullsummenspiele
oder
Vom berechtigten Verfolgungswahn

> Eine Lösung fürs Spiel, John von Neumann ganz stolz
> Zu Freund Oskar, dem Morgenstern, sprach,
> Eine Lösung fürs Spiel, dreimal klopf ich auf Holz
> Für Nullsummenspiel, Poker und Schach.
>
> **Alexander Mehlmann.** *Spieltheoretische Ballade*

In Conan Doyles *The final problem* [28] nehmen Sherlock Holmes und Professor Moriarty an einer Art Vorspiel teil und besprechen ihre Versuche, den Gegner zu durchschauen.

Es ist an Moriarty, dem Mathematiker, die allererste Mutmaßung voranzustellen: „Alles, was ich Ihnen zu sagen habe, ist Ihnen schon in den Sinn gekommen." Trocken erwidert daraufhin der Detektiv: „Dann ist Ihnen meine Antwort vielleicht auch schon in den Sinn gekommen."

Hier steht Intellekt gegen Intellekt. Auch die unmittelbar folgende Verfolgungsjagd gen Dover entwickelt sich bei aller dynamischen Dramatik zu einem meisterlichen Duell der Antizipation. Holmes, dessen Leben auf dem Spiel steht, flieht im Schnellzug nach Dover, um das rettende Festland zu erreichen. Moriarty hatte ihn im Gewühl der Victoria Station erkannt. Holmes ist sich dessen sicher, dass sein Kontrahent ihn auch durchschaut hat und ihm mit einem schnelleren Dampfross nach Dover folgen wird.

Um diesem Zug Moriartys auszuweichen, steigt Holmes bereits auf der einzigen Zwischenstation Canterbury aus. An dieser Stelle steigt auch, enttäuschenderweise, Conan Doyle aus dem Karussell der Antizipation aus, um seine Geschichte zu Ende zu bringen.

Oskar Morgenstern [82] hat zur Ehrenrettung beider Protagonisten das Wechselspiel der Voraussicht, auf folgende Weise, wieder auf Touren gebracht.

Hat Holmes sich für das Aussteigen in Canterbury entschieden, so sollte Moriarty „wieder tun, was ich tun würde" und ebendort anhalten. Dies wiederum voraussehend, sollte Holmes nach Dover durchfahren, was Moriarty veranlassen sollte, nicht in Canterbury auszusteigen, und Holmes auf den Gedanken bringen sollte, den Zug doch an der Zwischenstation zu verlassen, etcetera, etcetera, etcetera.

Und so gelangte Morgenstern zum recht naiven Schluss, dass aus diesem ewigen Kreislauf wechselseitiger Antizipationen kein Weg hinausführen konnte. Erst später erkannten von Neumann und Morgenstern [89], dass es des stumpfen Schwertes Zufall bedarf, um den gordischen Knoten der Entscheidungsfindung zu durchtrennen.

Moriarty und Holmes können in ihrem Eilzug-Verfolgungsspiel zwei Aktionen wahrnehmen: D, erst in Dover aussteigen, oder C, bereits in Canterbury aussteigen.

Wir werden diese Aktionen als Strategien der Spieler bezeichnen und die 4 möglichen Spielausgänge in der folgenden Matrix mittels Zahlenpaaren bewerten. Jeweils die erste Zahl drückt die Bewertung aus der Sicht des Spielers Moriarty aus; Holmes' Bewertung wird durch die zweite Zahl dargestellt. Durch die Auswahl einer Zeile wählt Moriarty seine Strategie aus; Holmes' Entscheidung erfolgt durch die Auswahl der geeigneten Spalte.

	D	C
D	3 , -3	1 , -1
C	0 , 0	3 , -3

Nur wenn Moriarty die gleiche Strategienwahl wie Holmes trifft, schnappt er seinen Widersacher. Seinem Konto werden 3 Punkte gutgeschrieben. Die gleiche Punktanzahl wird Holmes abgezogen. Verfehlt Moriarty seinen Widersacher in Dover, so steht die Chance, ihn noch auf der britischen Insel zu erwischen, so in etwa 1 : 2. Wir tragen in die entsprechende Zelle der Matrix den Wert 1 für Moriarty und −1 für Holmes ein. Wird Holmes jedoch in Canterbury verfehlt, so erreicht er unbeschadet Frankreich: es gibt jeweils 0 Punkte für Moriarty und Holmes.

Noch bevor wir feststellen können, ob es tatsächlich zu einem Happy En(d)t in Kent kommt, sollte der Begriff des Spiels zwischen zwei Kontrahenten, die jeweils den Betrag verlieren oder gewinnen, den der unmittelbare Widersacher gewinnt oder verliert, in aller erforderlichen Allgemeinheit und Exaktheit fixiert werden.

Definition 2.1 Unter einem *Zweipersonen-Nullsummenspiel in Normalformdarstellung* versteht man ein Tripel $(X, Y, \mathcal{K})$, bestehend aus

*) einer nichtleeren Menge X der Strategien des ersten Spielers,

*) einer nichtleeren Menge Y der Strategien des zweiten Spielers,

*) einer reellwertigen auf $X \times Y$ definierten Funktion $\mathcal{K}$, *Spielkern* genannt, die jedem Strategienpaar $(x,y) \in X \times Y$ den Gewinn- oder Verlustwert $\mathcal{K}(x,y)$ des ersten Spielers zuordnet, wobei die entsprechenden Auszahlungswerte des zweiten Spielers durch $-\mathcal{K}(x,y)$ gegeben sind.

Ein Nullsummenspiel, für dessen Strategienmengen X und Y die Bedingung $|X| = m, |Y| = n$ gilt, wird *endliches* Nullsummenspiel genannt und kann durch die Angabe der *Spielmatrix* $A = (a_{ij})_{m \times n}$ beschrieben werden. Der Spielkern wird dabei durch $\mathcal{K}(i,j) := a_{ij}$ bestimmt und wir bezeichnen dieses Nullsummenspiel daher auch als *Matrixspiel in reinen Strategien*.

Unser Eilzug-Verfolgungsspiel ist als ein derartiges Matrixspiel definiert worden. Der Spielkern ist somit durch folgende Matrix gegeben:

$$
A = \begin{array}{c} \\ D \\ C \end{array}
\begin{array}{cc}
D & C \\
\hline
\multicolumn{1}{|c|}{3} & \multicolumn{1}{c|}{1} \\
\hline
\multicolumn{1}{|c|}{0} & \multicolumn{1}{c|}{3} \\
\hline
\end{array}
$$

15

Im Fall des bekannten Kinderspiels Schere-Stein-Papier zeigen zwei Spieler gleichzeitig auf. Die flache Hand steht für das Papier, die Faust für den Stein und die gespreizten Mittel- und Zeigefinger für die Schere. Die möglichen Spielausgänge werden durch folgende Spielregel bestimmt: Schere schneidet Papier, Papier umwickelt den Stein und Stein schleift die Schere.

Wir haben es somit mit einem Zweipersonen-Nullsummenspiel zu tun, dessen Strategienmengen X und Y endlich sind und aus den sogenannten *reinen Strategien* des Spiels bestehen:

$$X := \{Schere, Stein, Papier\} =: Y$$

Der Spielkern des für reine Strategien definierten Schere-Stein-Papier Spiels wird durch die Matrix

		Schere	Stein	Papier
	Schere	0	-1	1
A=	Stein	1	0	-1
	Papier	-1	1	0

angegeben, deren Felder die Auszahlungswerte für Niederlage (-1), Sieg (1), und Unentschieden (0) aus dem Blickwinkel des ersten Spielers (des Zeilenspielers) enthalten.

Das wesentliche Merkmal der in diesem Abschnitt untersuchten Nullsummenspiele ist die von den Spielern getroffene, simultane Auswahl einer Strategie. Im Fall des Schere-Stein-Papier Spiels ist die postulierte Gleichzeitigkeit von entscheidender Bedeutung. Signalisiert einer der Spieler seine Wahl um Sekundenbruchteile zu früh, kann der Gegenspieler – durch Wahl der besten Antwort auf das abgegebene Signal – das Spiel nach Belieben zu seinen Gunsten entscheiden.

2.1 Matrixspiele

Es sei $A = (a_{ij})_{m \times n}$ die Spielmatrix eines Nullsummenspiels zweier Personen.

	1	$\cdots$	j	$\cdots$	n
1	a_{11}	$\cdots$	a_{1j}	$\cdots$	a_{1n}
$\vdots$	$\cdots$	$\cdots$	$\cdots$	$\cdots$	$\cdots$
i	a_{i1}	$\cdots$	a_{ij}	$\cdots$	a_{in}
$\vdots$	$\cdots$	$\cdots$	$\cdots$	$\cdots$	$\cdots$
m	a_{m1}	$\cdots$	a_{mj}	$\cdots$	a_{mn}

Falls er i spielt, muss der Zeilenspieler im schlimmsten Fall mit einem Nutzen von $\alpha_i := \min_j a_{ij}$ rechnen,

	1	$\cdots$	j	$\cdots$	n	
1	a_{11}	$\cdots$	a_{1j}	$\cdots$	a_{1n}	α_1
$\vdots$	$\cdots$	$\cdots$	$\cdots$	$\cdots$	$\cdots$	
i	a_{i1}	$\cdots$	a_{ij}	$\cdots$	a_{in}	α_i
$\vdots$	$\cdots$	$\cdots$	$\cdots$	$\cdots$	$\cdots$	
m	a_{m1}	$\cdots$	a_{mj}	$\cdots$	a_{mn}	α_m

Der Zeilenspieler wird nun diejenige Strategie spielen, die ihm ein maximales α_i sichert, d.h. den Maximin-Wert $\alpha := \max_i \min_j a_{ij}$ erreicht. Wir bezeichnen jede derartige Strategie als *Maximin-Strategie*.

Die Welt, der ein Zeilenspieler im Nullsummenspiel ausgeliefert ist, lässt den Verfolgungswahn als glaubhaftes Gedankenmuster zu.

Dies ist kaum verwunderlich, denn schließlich hat man es mit einem Gegner zu tun, der einem schon allein deswegen Schaden zufügen will, da er nur dadurch Gewinn erzielen kann.

Der Gegenspieler ist dem selben Strudel paranoider Gedanken ausgeliefert, die rational und somit nicht krankhaft sind. Durch die Wahl einer *Minimax-Strategie* erreicht er (als Spaltenspieler) somit den entsprechenden Minimax-Wert $\beta := \min_j \beta_j = \min_j \max_i a_{ij}$.

		1	$\cdots$	j	$\cdots$	n	
1		a_{11}	$\cdots$	a_{1j}	$\cdots$	a_{1n}	α_1
$\vdots$		$\cdots$	$\cdots$	$\cdots$	$\cdots$	$\cdots$	
i		a_{i1}	$\cdots$	a_{ij}	$\cdots$	a_{in}	α_i
$\vdots$		$\cdots$	$\cdots$	$\cdots$	$\cdots$	$\cdots$	
m		a_{m1}	$\cdots$	a_{mj}	$\cdots$	a_{mn}	α_m
		β_1	$\cdots$	β_j	$\cdots$	β_n	

Satz 2.1 *In jedem beliebigen Matrixspiel übertrifft der Maximin-Wert nie den Minimax-Wert, es gilt also stets*

$$\alpha \leq \beta$$

Beweis. Für alle $k \in \{1, \ldots, n\}$ gilt offensichtlich $\min_j a_{ij} \leq a_{ik}$ und somit auch

$$\max_i \min_j a_{ij} \leq \max_i a_{ik} \tag{2.1}$$

Da jedoch (2.1) für alle $k \in \{1, \ldots, n\}$ gilt, so folgt daraus

$$\alpha = \max_i \min_j a_{ij} \leq \min_k \max_i a_{ik} = \beta \tag{2.2}$$

q.u.e.d.

Falls für ein Matrixspiel der Maximin-Wert mit dem Minimax-Wert übereinstimmt, dann wird der Wert $w := \alpha = \beta$ als *Spielwert* bezeichnet und es existiert zumindest ein *Sattelpunkt in reinen Strategien*, d.h. ein Strategienpaar aus Maximin- und Minimax-Strategien, das dem Zeilenspieler den Spielwert als Gewinn (für $w > 0$) oder als Verlust (für $w < 0$) zukommen lässt. Für $w > 0$ verliert der Spaltenspieler genau den Spielwert und gewinnt ihn für negative Werte von w. Falls $w = 0$, so bezeichnet man das Spiel als *fair*.

In Rapoports [96] spieltheoretischer Analyse zu Shakespeares *Othello* denkt Othello in äußerst seltsamen Bahnen. Seiner Einschätzung nach ist Desdemona in einem Nullsummenspiel verwickelt, wobei sie die strategischen Optionen *Othello betrügen* (1) und *Othello treu bleiben* (2) besitzt und davon überzeugt ist, dass Othello selbst über *Desdemona für schuldig halten* (1) und *Desdemona für schuldlos halten* (2) als Strategien verfügt. Die Spielmatrix, die laut Othellos Vorstellung Desdemonas Handeln bestimmt, hat folgende Gestalt:

	Othello	
	1	2
Desdemona 1	−5	10
2	−10	5

In Desdemonas Spiel stimmt der Maximin-Wert mit dem Minimax-Wert überein

	1	2	
1	−5	10	−5
2	−10	5	−10
	−5	10	−5

Es gibt somit in diesem Spiel einen Sattelpunkt in reinen Strategien, der eindeutig ist und folgendermaßen beschrieben werden kann: Desdemona betrügt Othello und Othello hält sie für schuldig. Der zugeordnete Spielwert beträgt −5 und Othello kann beruhigt die scheinheilige Frage stellen: „Hast Du zur Nacht gebetet, Desdemona?"

Für das Spiel zwischen Moriarty und Holmes kann hingegen kein Sattelpunkt in reinen Strategien ausgemacht werden:

	D	C	
D	3	1	1
C	0	3	0
	3	3	

Der Maximin-Wert von 1 unterschreitet sichtlich den Minimax-Wert von 3. Um eine Lösung für unser Spiel angeben zu können, muss der Strategienraum erweitert werden.

Definition 2.2 Unter einer *gemischten Strategie* versteht man eine Wahrscheinlichkeitsverteilung über der Menge der reinen Strategien, d.h. $x = (x_1, \cdots, x_m)$; $\sum_{i=1}^{m} x_i = 1$; $x_i \geq 0$ oder $y = (y_1, \cdots, y_n)$; $\sum_{j=1}^{m} y_j = 1$; $y_j \geq 0$ für Zeilen- oder Spaltenspieler. Der erwartete Nutzen des Zeilenspielers, falls er x, der Gegner jedoch y spielt, ist: xAy'. Die Strategienmengen X, respektive Y, werden nun als die Simplexe

$$X := \{x : \sum_{i=1}^{m} x_i = 1 \, ; \, x_i \geq 0\} \, ; \, Y := \{y : \sum_{j=1}^{n} y_j = 1 \, ; \, y_j \geq 0\}$$

definiert. Der Spielkern wird durch $\mathcal{K}(x,y) := \sum_i \sum_j x_i y_j a_{ij} = xAy'$ bestimmt und wir bezeichnen dieses Nullsummenspiel deshalb als *Matrixspiel in gemischten Strategien*.

Satz 2.2 *Jedes endliche Matrixspiel in gemischten Strategien besitzt einen Sattelpunkt, d.h. es existiert stets ein Paar gemischter Strategien $(\tilde{x}, \tilde{y}) \in X \times Y$, mit $\tilde{v} := \tilde{x} A \tilde{y}'$, sodass*

$$v_- := \max_{x \in X} \min_{y \in Y} xAy' = \tilde{v} = \min_{y \in Y} \max_{x \in X} xAy' =: v^- \qquad (2.3)$$

20

Beweis. Es sei A eine $m \times n$-dimensionale Spielmatrix, die nur strikt positive Einträge[1] besitzt und 1_k ein k-dimensionaler Zeilenvektor, der aus lauter 1-ern besteht. Offensichtlich gilt für alle $x \in X$ und $y \in Y$:

$$\min_{y \in Y} xAy' \leq xAy' \leq \max_{x \in X} xAy'. \tag{2.4}$$

Setzt man (der Reihe nach) vorerst für x und danach für y sämtliche reine Strategien der jeweiligen Spieler ein, so lassen sich folgende Ungleichungen ableiten:

$$Ay' \leq 1_m' \cdot \max_{x \in X} xAy', \tag{2.5}$$

$$xA \geq 1_n \cdot \min_{y \in Y} xAy'. \tag{2.6}$$

Definiert man nun zwei neue Vektoren z und w durch:

$$z := y / \max_{x \in X} xAy', \tag{2.7}$$

$$w := x / \min_{y \in Y} xAy', \tag{2.8}$$

so lässt sich, unter Berücksichtigung folgender Übereinstimmungen:

$$\max_{z} 1_n z' = \max_{y \in Y} (\max_{x \in X} xAy')^{-1} = \min_{y \in Y} \max_{x \in X} xAy', \tag{2.9}$$

$$\min_{w} w 1_m' = \min_{x \in X} (\min_{y \in Y} xAy')^{-1} = \max_{x \in X} \min_{y \in Y} xAy', \tag{2.10}$$

das Bestimmen der Maximin- und Minimax-Werte des Matrixspiels in gemischten Strategien durch die Lösung der folgenden linearen Optimierungsprobleme erreichen:

---

[1] Jede Spielmatrix lässt sich durch das Hinzufügen eines ganzzahligen Wertes zu ihren sämtlichen Einträgen auf diese gewünschte Gestalt bringen. Durch diese Transformation wird nur der Spielwert des Matrixspiels verändert; die Sattelpunkte der ursprünglichen und der transformierten Spielmatrix stimmen jedoch überein.

$$\max_z v_z = \mathbf{1}_n z' \qquad (2.11)$$

$$Az' \leq \mathbf{1}'_m, \qquad (2.12)$$

$$z \geq 0; \qquad (2.13)$$

$$\min_w v_w = w\mathbf{1}'_m, \qquad (2.14)$$

$$wA \geq \mathbf{1}_n. \qquad (2.15)$$

$$w \geq 0. \qquad (2.16)$$

Die Mengen der zulässigen Lösungen z und w, die durch die Nebenbedingungen (2.12), (2.13) und (2.15), (2.16) definiert werden, sind nun kompakt, konvex und nicht leer. Somit besitzen beide linearen Optimierungsprobleme stets ein Paar optimaler Lösungen $(\tilde{z}, \tilde{w})$, so dass folgende Gleichungen erfüllt sind:

$$v_- = \tilde{w}\mathbf{1}'_m = \mathbf{1}_n \tilde{z}' = v^-, \qquad (2.17)$$

$$\tilde{w}_i(1 - e_i A\tilde{z}') = 0 \quad \forall\, i = 1, \ldots, m, \qquad (2.18)$$

$$\tilde{z}_j(\tilde{w}Ae'_j - 1) = 0 \quad \forall\, j = 1, \ldots, n, \qquad (2.19)$$

wobei der Zeilenvektor e_k den k-ten Einheitsvektor bezeichnet. Der Sattelpunkt des Matrixspiels in gemischten Strategien ist durch die Normierung der Lösungsvektoren $\tilde{w}$ und $\tilde{z}$ ableitbar, d.h.:

$$\tilde{x} := \frac{\tilde{w}}{\tilde{w}\mathbf{1}'_m}, \qquad (2.20)$$

$$\tilde{y} := \frac{\tilde{z}}{\tilde{z}\mathbf{1}'_n}. \qquad (2.21)$$

Der Spielwert beträgt: $\tilde{v} = \tilde{x}A\tilde{y}'$.

q.u.e.d.

Lassen wir nunmehr Moriarty gegen Holmes in einem Matrixspiel gemischter Strategien antreten, so genügt es, nur eines der zwei im Beweis zum Satz 2.2 angeführten linearen Optimierungsprobleme mit Hilfe des Simplexverfahrens zu lösen, um beide optimale Lösungen $\tilde{z}$ und $\tilde{w}$ abzuleiten. Wir erhalten nach der Addition des Auszahlungswertes 1 zu sämtlichen Matrixkomponenten folgende (primale) Aufgabenstellung:

$$\max_{z_1, z_2} v_z \;=\; z_1 + z_2 \tag{2.22}$$

$$4z_1 + 2z_2 \;\leq\; 1 \tag{2.23}$$

$$z_1 + 4z_2 \;\leq\; 1 \tag{2.24}$$

$$z_i \;\geq\; 0 \quad \text{für} \quad i = 1,2. \tag{2.25}$$

Jede $\leq$-Ungleichung wird durch das Hinzufügen einer Schlupfvariablen in eine Gleichung verwandelt. Wir definieren also in unserem Fall zwei neue Variable $z_3 \geq 0$ und $z_4 \geq 0$. Jeweils zwei der insgesamt vier Entscheidungsvariablen werden nunmehr gleich 0 gesetzt und bilden gemeinsam mit den eindeutigen Werten, die nunmehr den restliche Variablen zugeordnet werden können, eine sogenannte Basislösung.

Die erste Basislösung wird durch das folgende Gleichungssystem definiert:

$$z_3 \;=\; 1 - 4z_1 - 2z_2 \tag{2.26}$$

$$z_4 \;=\; 1 - z_1 - 4z_2 \tag{2.27}$$

$$0 \;=\; v_z - z_1 - z_2. \tag{2.28}$$

Auf der linken Seite werden die gerade aktuellen Basisvariablen (und in der Gleichung (2.28) der zugehörige Zielfunktionswert) angeschrieben; es sind dies z_3 und z_4 sowie der Wert 0. Die Variablen, die sich auf der rechten Seite der jeweiligen Gleichungen befinden, erhalten als Nichtbasisvariable stets den Wert 0 zugewiesen. Die erste zulässige Basislösung führt somit zu folgendem Lösungspunkt in den ursprünglichen Entscheidungsvariablen: $(z_1, z_2) = (0, 0)$.

Lässt sich der erreichte Zielfunktionswert nun verbessern? Die Antwort liefert die rechte Seite der Gleichung (2.28). Es genügt vollauf diejenige Nichtbasisvariable, die über den kleinsten strikt negativen Koeffizienten verfügt, in die Basis wechseln zu lassen, um eine Zielfunktionsverbesserung zu erreichen. Da jedoch die Anzahl der Basisvariablen stets der Anzahl der Ungleichungen entspricht, muss gleichzeitig eine aktuelle Basisvariable aus der Basis entfernt werden.

Die ausscheidende Basisvariable ist diejenige Variable, die bei einer dem Werte nach wachsenden neuen Basisvariablen als erste den Randwert 0 erreicht. Bei der Auswahl von z_1 als die eintretende Basisvariable, würde für $z_1 = 1/4$ die aktuelle Basisvariable z_3 als erste verschwinden. Wir vertauschen nunmehr die Plätze für z_1 und z_3 und erhalten ein neues Gleichungssystem:

$$z_1 = \frac{1}{4} - \frac{1}{2}z_2 - \frac{1}{4}z_3 \tag{2.29}$$

$$z_4 = 1 - (\frac{1}{4} - \frac{1}{2}z_2 - \frac{1}{4}z_3) - 4z_2 \tag{2.30}$$

$$0 = v_z - (\frac{1}{4} - \frac{1}{2}z_2 - \frac{1}{4}z_3) - z_2, \tag{2.31}$$

das wir folgendermaßen vereinfachen können:

$$z_1 = \frac{1}{4} - \frac{1}{2}z_2 - \frac{1}{4}z_3 \tag{2.32}$$

$$z_4 = \frac{3}{4} - \frac{7}{2}z_2 + \frac{1}{4}z_3 \tag{2.33}$$

$$\frac{1}{4} = v_z - \frac{1}{2}z_2 + \frac{1}{4}z_3. \tag{2.34}$$

Die zweite zulässige Basislösung erreicht folgenden Lösungspunkt der ursprünglichen Variablen: $(z_1, z_2) = (\frac{1}{4}, 0)$. Diese Lösung hat den Zielfunktionswert $v_z = \frac{1}{4}$ und ist noch nicht optimal, da es auf der rechten Seite der Gleichung (2.34) noch immer eine Nichtbasisvariable mit einem strikt negativen Koeffizienten gibt.

Der nächste Basistausch betrifft somit die Nichtbasisvariable z_2 und die aktuelle Basisvariable z_4, die als erste der aktuellen Basisvariablen für einen Wert $z_2 = \frac{3}{14}$ verschwinden würde. Wir erhalten:

24

$$z_1 = \frac{1}{4} - \frac{1}{2}\left(\frac{3}{14} + \frac{1}{14}z_3 - \frac{2}{7}z_4\right) - \frac{1}{4}z_3 \tag{2.35}$$

$$z_2 = \frac{3}{14} + \frac{1}{14}z_3 - \frac{2}{7}z_4 \tag{2.36}$$

$$\frac{1}{4} = v_z - \frac{1}{2}\left(\frac{3}{14} + \frac{1}{14}z_3 - \frac{2}{7}z_4\right) + \frac{1}{4}z_3, \tag{2.37}$$

und somit:

$$z_1 = \frac{1}{7} - \frac{2}{7}z_3 + \frac{1}{7}z_4 \tag{2.38}$$

$$z_2 = \frac{3}{14} + \frac{1}{14}z_3 - \frac{2}{7}z_4 \tag{2.39}$$

$$\frac{5}{14} = v_z + \frac{3}{14}z_3 + \frac{1}{7}z_4. \tag{2.40}$$

Die dritte zulässige Basislösung erreicht den Lösungspunkt $(z_1, z_2) = (\frac{1}{7}, \frac{3}{14})$ und hat den Zielfunktionswert $v_z = \frac{5}{14}$. Dies ist bereits die optimale Lösung, da auf der rechten Seite der Gleichung (2.40) keine Nichtbasisvariable einen strikt negativen Koeffizienten besitzt.

Da somit $\tilde{z}_1 > 0$ und $\tilde{z}_2 > 0$ ist, lässt sich die optimale Lösung des dualen linearen Optimierungsproblems:

$$\min_{w_1, w_2} v_z = w_1 + w_2 \tag{2.41}$$

$$4w_1 + w_2 \geq 1 \tag{2.42}$$

$$2w_1 + 4w_2 \geq 1 \tag{2.43}$$

$$w_j \geq 0 \quad \text{für} \quad j = 1,2, \tag{2.44}$$

wegen Bedingung (2.19) unmittelbar aus der Lösung des folgenden linearen Gleichungssystems erhalten:

$$4w_1 + w_2 = 1 \tag{2.45}$$

$$2w_1 + 4w_2 = 1. \tag{2.46}$$

Wir erhalten somit $(\tilde{w}_1, \tilde{w}_2) = (\frac{3}{14}, \frac{1}{7})$. Der (eindeutige) Sattelpunkt kann nunmehr durch Normierung beider Lösungsvektoren, siehe $(2.20), (2.21)$, abgeleitet werden:

$$(\tilde{x}_1, \tilde{x}_2) = (\frac{3}{5}, \frac{2}{5}); \qquad \text{(2.47)}$$

$$(\tilde{y}_1, \tilde{y}_2) = (\frac{2}{5}, \frac{3}{5}). \qquad \text{(2.48)}$$

Die algebraische Methode zur Bestimmung der Sattelpunkte in einem Matrixspiel bewährt sich vor allem bei einer höheren Anzahl an reinen Strategien für beide Spieler. Kann die Menge der reinen Strategien eines Spielers, beispielsweise durch das Streichen dominierter[2] Strategien, soweit reduziert werden, dass sie nur noch zwei der möglichen Alternativen zulässt, so liefert ein geometrischer Ansatz Einsichten in die Gestalt der Sattelpunkte des Matrixspiels.

Beispiel 2.1 *Ein Schwertkämpfer überlegt die Auswahl seiner Kontertechniken für das Kreuzen der Bambusklingen in einem Einpunkt-Wettkampf des japanischen Kendo gemäß folgender Tabelle:*

	Men	Kote	Do
Kaeshi	4	8	2
Uchiotoshi	5	2	8

Ist der Gegner im Begriff auf den Kopf zu schlagen (Men), so erweist sich die Kontertechnik Kaeshi in 4 von 10 Treffen erfolgreich; beim Schlag auf die Hand (Kote), respektive auf den Rumpf (Do), gewinnt man jeweils 8, oder 2, von 10 Treffen. Die Anzahl gewonnener Treffen bei Anwendung der Kontertechnik Uchiotoshi, lässt sich (unter den gleichen Annahmen über gegnerische Taktik und Gesamtzahl der Treffen) aus der zweiten Zeile der Tabelle ablesen.

---

[2] Eine Strategie s wird von einer anderen Strategie t dominiert, falls – ungeachtet der gegnerischen Aktion – s höchstens so hohe Auszahlungswerte wie t besitzt. Zur Frage der Dominanz und Dominiertheit von Strategien verweisen wir zusätzlich auf das nächste Kapitel.

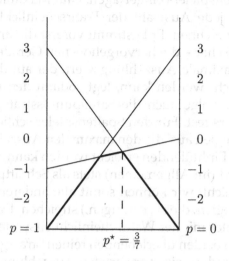

Bild 2.1: Geometrische Bestimmung einer Maximin-Strategie

Das im Beispiel 2.1 definierte Konstantsummen-Spiel besitzt (nach einer einfachen Transformation) folgende Spielmatrix:

	Men	Kote	Do
Kaeshi	−1	3	−3
Uchiotoshi	0	−3	3

Der erwartete Auszahlungswert des Zeilenspielers, falls er mit Wahrscheinlichkeit p Kaeshi spielt, lässt sich unter der Annahme, dass der Spaltenspieler stets eine reine Strategien anwendet, durch eine Geradengleichung darstellen. Für die Strategie Men verbindet diese Gerade die Punkte $(p = 1, -1)$ und $(p = 0, 0)$; der zugehörige erwartete Auszahlungwert ist somit $-p$. Für die zwei anderen Spaltenstrategien erhalten wir die erwarteten Auszahlungswerte $6p - 3$ und $-6p + 3$.

27

Im Bild 2.1 haben wir die drei Geraden der erwarteten Auszahlungen des Zeilenspielers eingetragen. Laut Maximin-Kriterium hat der Spieler für jede Auswahl der Wahrscheinlichkeit p mit dem Schlimmsten zu rechnen. Er bestimmt vorerst die untere Einhüllende der Geradenschar – die hervorgehobenen Geradenabschnitte im Bild 2.1. Der maximale Auszahlungswert, der auf der unteren Einhüllenden erreicht werden kann, legt sodann den Wert des Spiels und in weiterer Folge auch die Sattelpunktsstrategie $(p^\star, 1 - p^\star)$ des Zeilenspielers fest. Für den Spaltenspieler schließt man vorerst alle reinen Strategien aus, die den maximalen Auszahlungswert, der auf der unteren Einhüllenden erreicht werden kann, nicht enthalten. Dieser Wert wird (im Allgemeinen) stets als Schnittpunkt nur zweier Geraden erreicht; wir können somit alle anderen Geraden (und die reinen Strategien, die sie erzeugen,) streichen. Danach lässt man den Spaltenspieler mit der Wahrscheinlichkeitsverteilung $(q, 1 - q)$ zwischen seinen beiden überlebenden reinen Strategien wählen und zeichnet die Geraden seiner erwarteten Auszahlungswerte, für den Fall, dass nunmehr der Zeilenspieler seine reinen Strategien ausspielt.

Im Bild 2.2 ist die obere Einhüllende der Geradenschar in dicker Strichführung gezeichnet. Die Bestimmung des minimalen Wertes auf der oberen Einhüllenden legt die Sattelpunktsstrategie für den Spaltenspieler mit $(q^\star, 1 - q^\star, 0)$ fest.

Sattelpunkte lassen sich oft mittels intuitiver Ansätze ableiten. In Bild 2.3 sind derartige Überlegungen für das Schere-Stein-Papier Spiel dargelegt.

Der Zeilenspieler hat für jede Aktion des Spaltenspielers eine eindeutige *beste Antwort*[3]. Er kann somit das Spiel stets zu seinen Gunsten entscheiden, dies aber nur unter der Voraussetzung, dass ihm die Aktion des Spaltenspielers von vornherein bekannt ist. Der Spaltenspieler ist somit gezwungen, die Wahl seiner Aktionen zu verschleiern. In einem Spiel, dessen Reiz gerade in der Wiederholung liegt, erfolgt die Verschleierung durch zufällige Auswahl der

---

[3] Diese lautet beispielsweise Schere, falls sich der Gegner für Papier entscheiden sollte.

ihm zur Verfügung stehenden Aktionen. Die Regeln des Spiels bewirken jedoch, dass die Art und Weise, in der die Spieler den Zufall entscheiden lassen, offensichtlich ist.

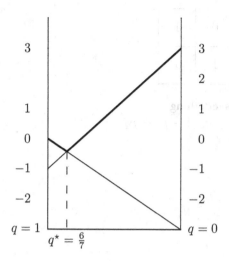

Bild 2.2: Geometrische Bestimmung einer Minimax-Strategie

Der Spaltenspieler möge nunmehr mit der Wahrscheinlichkeit p_1 nach der Schere und p_2 nach dem Stein greifen. Wäre diese *gemischte Strategie* seinem Gegenspieler bekannt, so würde dieser Schere, Stein, Papier wohl mit den relativen Häufigkeiten $1 - p_1 - p_2, p_1$ und p_2 auswählen. Dieses Ergebnis lässt sich jedoch nicht allein durch ein einmaliges Ausspielen begründen. Wir stellen uns dabei eher einen Zeilenspieler vor, der – wie in Bild 2.3 dargestellt – in der Art eines einseitigen Durchspielens,[4] das sich über eine erkleckliche Anzahl von Runden erstreckt, auf jedes gegnerische Handzeichen jeweils um eine Runde verspätet und dies im Sinne seiner besten Antwort reagiert.

---

[4] Klassische Lernverfahren der Spieltheorie beruhen eher auf Gegenseitigkeit.

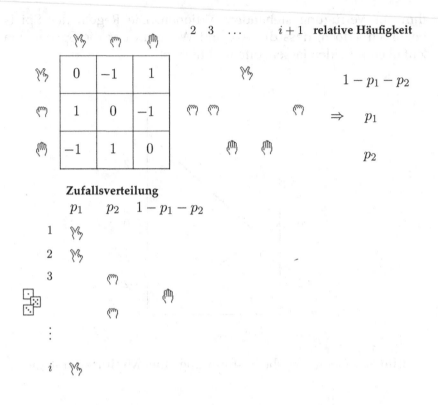

Bild 2.3: Das einseitig-kurzsichtige Durchspielen

Die gleiche Schlussweise führt wiederum auf eine Verteilung der Gestalt p_2, $1 - p_1 - p_2$ und p_1 für die Aktionen des Spaltenspielers. Dieses Ergebnis stimmt jedoch nur dann mit unserer ursprünglichen Annahme über das Verhalten dieses Spielers überein, falls die Beziehungen $p_1 = p_2$ und $p_2 = 1 - p_1 - p_2$ gelten. Nach Adam Riese erhält man somit eine für beide Spieler gültige Sattelpunktstrategie $(\frac{1}{3}, \frac{1}{3}, \frac{1}{3})$, die auf ein gleichwahrscheinliches Ausspielen der drei Aktionen hinausläuft.

2.2 Ein Count-down für Duellanten

Am nächsten Tag steht man befrackt in Tann.
Freds Kraftblick lässt des Gegners Schuss versagen.
Er selbst trifft ihn am Halse überm Kragen.
(Ein Kindermädchen trauert in Lausanne.)
Ludwig Rubiner et al. Das Duell

Im Western *Erbarmungslos* schießt der Killer William Munny[5] fünf seiner gleichzeitig ziehenden Kontrahenten über den Haufen. Beauchamp – einer der Zeugen dieser Auseinandersetzung – stellt Munny die seltsame Frage, auf wen er denn zuerst geschossen. Üblicherweise feuere nämlich der erfahrene Pistolero, wenn er eine Überzahl an Gegnern zu bekämpfen hat, immer zuerst auf den besten Schützen.

Munny entgegnete trocken: „Die Reihenfolge war Glückssache. Aber ich habe eigentlich immer Glück, wenn's um's Töten geht!"

In einem Zweikampf oder Duell scheint diese Fragestellung nebensächlich zu sein, da der Gegner, auf den geschossen wird, immer feststeht. Stattdessen ist der Zeitpunkt, zu dem geschossen wird, in der Schwebe. Das Duell gehört somit zur Kategorie der sogenannten *Timing-Spiele* (siehe Dresher [35]).

Gemäß den traditionellen Regeln des (mathematischen) Zweikampfmodells schreiten die Gegner aus einem Abstand von A Schritten aufeinander zu. Die Treffsicherheit des ersten Duellanten sei durch die Wahrscheinlichkeit $p(x)$ – die des zweiten durch $q(x)$ – angegeben, sofern sich der Abstand (inzwischen) auf x verringert hat.

Beide Wahrscheinlichkeiten steigen bei abnehmender Distanz merklich[6] an und erreichen für den Abstandswert 0 vollständige Sicherheit. Bewertet man zusätzlich das alleinige Überleben mit $+1$,

---

[5] als Clint Eastwoods überzeugendes *alter ego*.
[6] d.h. im Sinne der strengen Monotonie folgt aus $x > y$ unmittelbar $p(x) < p(y)$ und $q(x) < q(y)$.

das alleinige Zusammentreffen mit Freund Hein hingegen mit -1, sowie alle anderen Eventualitäten mit 0, und nimmt man an, dass jedermann nur eine Kugel zur Verfügung hat, deren Abfeuern laut und vernehmlich[7] erfolgt, so lässt sich der Nutzen $\mathcal{K}(x,y)$ des ersten Duellanten, unter der Annahme, dass er aus einem Abstand x (sein Kontrahent jedoch aus einem Abstand y) feuert, wie folgt berechnen.

Für $x > y$ wird der erste Duellant nur dann den anderen überleben, falls sein Schuss (mit Wahrscheinlichkeit $p(x)$) ein Treffer ist. Schießt er (mit Wahrscheinlichkeit $1 - p(x)$) vorbei, so kann der Gegner ungestraft den Abstand auf 0 verringern, um seinerseits mit Wahrscheinlichkeit $q(0) = 1$ zu treffen. Für $y > x$ wird andererseits der erste Duellant seinen Gegner mit Wahrscheinlichkeit $1 - q(y)$ überleben. Wird gleichzeitig geschossen, überlebt der erste Duellant nur dann seinen Gegner, falls er trifft, ohne selbst getroffen worden zu sein. Es gilt somit:

$$
\mathcal{K}(x,y) = \left\{ \begin{array}{ll} 2p(x) - 1 & \text{falls } x > y \\ p(x) - q(x) & \text{falls } x = y \\ 1 - 2q(y) & \text{falls } y > x. \end{array} \right. \tag{2.49}
$$

Diesen Nutzen wird der zweite Duellant stets zu vermindern trachten. Somit feuert er in einem Abstand $\hat{y}(x)$, für den gilt:

$$
\mathcal{K}(x,\hat{y}(x)) = \min_{0 \leq y \leq A} \mathcal{K}(x,y). \tag{2.50}
$$

Da die Treffgenauigkeit eines Duellanten mit dem Hinauszögern des Schusses stets zunimmt, sollte der Abstand $\hat{y}(x)$ unter keinen Umständen x überschreiten.

Es sei nun d^* der eindeutig bestimmbare Abstand, für den die Gleichung $p(d^*) + q(d^*) = 1$ gilt.

---

[7] Ein sogenanntes geräuschvolles Duell, das einfachere Lösungsverfahren zulässt als die anderen in Dresher [35] oder Karlin [62] zelebrierten Varianten.

Das richtige Rezept zur Minimierung des Nutzens $\mathcal{K}(x,y)$ scheint demnach[8]

$$\hat{y}(x) = \begin{cases} x & \text{falls } x \le d^*; \\ 0 & \text{falls } x > d^* \end{cases} \tag{2.51}$$

zu sein.

Der erste Duellant muss sich letztlich im Abstand x mit einem Nutzen von:

$$\mathcal{K}(x,\hat{y}(x)) = \begin{cases} 1 - 2q(x) & \text{falls } x \le d^*; \\ 2p(x) - 1 & \text{falls } x \ge d^* \end{cases} \tag{2.52}$$

abfinden. Durch geeignete Wahl der Schussdistanz kann er jedoch diesen Wert maximieren.

Der Maximin-Wert der Nutzenfunktion $\mathcal{K}(x,y)$ ist durch

$$\max_{0 \le x \le A} \min_{0 \le y \le A} \mathcal{K}(x,y) = \mathcal{K}(d^*,d^*) = p(d^*) - q(d^*) \tag{2.53}$$

gegeben. Das Strategienpaar $(x = d^*; y = d^*)$ ist somit eindeutiger *Sattelpunkt* des Duell-Spiels, da es die *Sattelpunktseigenschaft*

$$\max_{0 \le x \le A} \min_{0 \le y \le A} \mathcal{K}(x,y) = \min_{0 \le y \le A} \max_{0 \le x \le A} \mathcal{K}(x,y) = \mathcal{K}(d^*,d^*) \tag{2.54}$$

besitzt. Der Spielwert des Duells ist durch die Differenz $p(d^*) - q(d^*)$ eindeutig bestimmt.

---

[8] Dies entspricht eher dem Showdown auf den Straßen von Tombstone als dem klassischen Duell. Erkennt der minimierende Duellant (womöglich an einem Flackern in der Iris des Widersachers?), dass sein Gegner im Abstand x feuern will, so wird er nur dann versuchen, (als Erster) im Abstand x zu feuern, falls die Distanz d^* bereits erreicht oder unterschritten wurde.

Kapitel 3
Strategische Spiele
oder
Erkenne dich selbst

3.1 Spiele in Normalform-Darstellung

> He thought he saw a Strategy
> Undominated, strict:
> He looked again, and found it was
> Quite easy to depict.
> 'I'll never play a game', he said,
> 'So simple to predict!'
>
> **A. Mehlmann.** *The Mad Reviewer's Song*

In Wilhelm Hauffs *Das kalte Herz* [52] fordert Peter Munk den dicken Ezechiel zu einem Würfelspiel heraus. Da ihm das Glasmännlein (ein guter Waldgeist, der sich nur Sonntagskindern sehen lässt) den unvernünftigen Wunsch, immer genau so viel Bares im *Portemonnais* zu haben, wie der unermesslich reiche Ezechiel, eher zögerlich erfüllt hatte, erachtet er das Risiko eines Verlustes gering.

Im Eifer des Spiels denkt Munk nicht mehr an seinen unlauteren magischen Vorteil und glaubt, dass er als Zeilenspieler im folgenden Nullsummenspiel verwickelt ist:

	fair	*gezinkt*
fair	$0\,,\;0$	$-1\,,1$
gezinkt	$1,-1$	$0\,,0$

Dabei stehen sowohl ihm als auch seinem Spaltenwidersacher Ezechiel zwei Optionen zur Verfügung: entweder gezinkte[1] oder faire Würfel zu verwenden. Entscheidet sich sowohl Munk als auch Ezechiel für die gleiche Art von Würfeln, so ist keiner von ihnen benachteiligt: der erwartete Gewinn ist für beide Spieler gleich 0. Betrügt nur einer von beiden, so gewinnt er das Spiel: der Gewinn für den Betrüger beträgt 1, der ehrliche Spieler muss hingegen mit einem erwarteten Gewinn von −1 rechnen.

Für dieses Spiel stimmt der Maximin-Wert mit dem Minimax-Wert überein:

	fair	gezinkt	
fair	0	−1	−1
gezinkt	1	0	0
	1	0	0

Die ableitbare Sattelpunktslösung in reinen Strategien legt somit beiden Spielern nahe, zu den gezinkten Würfel zu greifen. Doch da hätte Munk die Rechnung ohne Glasmännleins Magie gemacht.

Unter der Bedingung des erfüllten magischen Wunsches, der zwar Peter Munk, jedoch nicht seinem Gegenspieler, bekannt sein sollte, bleiben die Strategien beider Spieler sowie der erwartete Gewinn des dicken Ezechiel unverändert; Munk wird jedoch jedes Mal nur genauso viel Bares wie Ezechiel in der Tasche haben. Somit lautet die korrekte Darstellung[2] des Würfelspiels, wie folgt:

	fair	gezinkt
fair	0 , 0	1 , 1
gezinkt	−1, − 1	0 , 0

---

[1] Das Hauff'sche Original kommt gänzlich ohne gezinkte Würfel aus. Peter Munk steigert sich in einen Spielrausch. Der böse Waldgeist Holländer-Michel sorgt dafür, dass Peter ständig Ezechiels Geld gewinnt. Als Ezechiel schließlich pleite ist, muss Munk zu seinem Schrecken feststellen, dass er nun selbst über leere Taschen verfügt.

[2] Dies betrifft jedoch allein die Sichtweise Peter Munks. Der dicke Ezechiel wird weiterhin vermuten, dass er in einem Nullsummenspiel verwickelt ist.

Munk hat es nicht mehr mit einem Nullsummenspiel zu tun. Aus seiner Sicht lassen sich nur für zwei der vorhandenen strategischen Konstellationen die Auszahlungen beider Spieler zu 0 summieren. Betrügt jedoch Ezechiel, während Munk fair bleibt, so gewinnen beide Spieler und die Summe der Auszahlungswerte beträgt 2; ist Munk der Betrüger, während Ezechiel die fairen Würfel verwendet, so verlieren beide und die Auszahlungssumme ist −2.

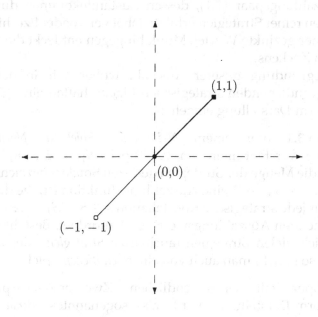

Bild 3.1: Munks Sicht der Auszahlungen im Würfelspiel

Bild 3.1 beschreibt den zweidimensionalen Auszahlungsbereich des Würfelspiels (in Peter Munks Sicht) für den allgemeineren Fall der Anwendung gemischter Strategien. Die Paare (−1, − 1), (0,0) und (1,1), die den Auszahlungen der Konstellationen mit reinen Strategien entsprechen, sind als Knoten unterschiedlicher Färbung und Gestalt dargestellt. Die zwei in unterscheidbarer Strichstärke gezeichneten Geradenabschnitte, die diese drei Punkte verbinden, bilden insgesamt die (unendliche) Menge aller Auszahlungspaare ab, die im Zuge des Spiels erreicht werden können.

Unter der Bedingung des Klonens von Ezechiels Tascheninhalt stellt Munks Würfelspiel ein Muster für allgemeinere strategische Konfliktsituationen des Nichtnullsummen-Typs dar. Auf Grund der degenerierten Gestalt des Auszahlungsbereiches kann unmittelbar aus Bild 3.1 eine eindeutige Lösung abgeleitet werden. Es ist dies das Auszahlungspaar (1,1), dessen Zustandekommen durch das Ausspielen reiner Strategien erfolgt: dabei verwendet Ezechiel zwar noch immer gezinkte Würfel, Munk hingegen entdeckt die Vorteile des fairen Zockens.

Zur Begründung unserer Auswahl wollen wir in der Folge auf die grundlegenden strategischen Eigenschaften eines Spiels in Normalform-Darstellung eingehen.

Definition 3.1 Unter einem *N-Personen Spiel in Normalform-Darstellung* versteht man ein $2N$-Tupel $(S_1, \ldots, S_N ; u_1, \ldots, u_N)$, wobei S_i die Menge der Strategien des i-ten Spielers bezeichnet und $u_i : S_1 \times \ldots \times S_N \rightarrow \mathbb{R}$ eine Auszahlungsfunktion ist, die dem i-ten Spieler für jede strategische Konstellation $s \in S = S_1 \times \ldots \times S_N$ den entsprechenden Auszahlungswert[3] $u_i(s)$ zuordnet. Besteht jedes S_i aus endlich vielen Strategien (auch *reine Strategien* oder *Aktionen* genannt) so spricht man auch von einem *endlichen* Spiel.

Der Spezialfall eines endlichen Zweipersonen-Spiels in Normalform-Darstellung wird als sogenanntes *Bimatrix-Spiel* bezeichnet. Die Strategienmengen $S_i := \{1, \ldots, m_i\}$, für $i = 1,2$, werden als Indexmengen der zulässigen Strategien der jeweiligen Spieler dargestellt. Für jeden Spieler i wird der Auszahlungwert $u_i(k,l) := a^i_{k,l}$ somit als das im Kreuzungspunkt der k-ten Zeile mit der l-ten Spalte befindliche Element der $m_1 \times m_2$ Matrix A^i definiert. Um diese Darstellung weiter zu vereinfachen, kann, wie im einleitenden Würfelspiel, eine $m_1 \times m_2$ Matrix B konstruiert werden, deren Eintrag $b_{k,l}$ im Kreuzungspunkt der k-ten Zeile mit der l-ten Spalte durch das Auszahlungspaar $(a^1_{k,l}, a^2_{k,l})$ gegeben ist.

---

[3] auch *Nutzen* genannt.

Es sei s eine strategische Konstellation des N-Personen Spiels in Normalform. Unter dem *strategischen Komplement* der Strategie s_j in s versteht man das $N-1$-Tupel $s_{-j} := (s_1, \ldots, s_{j-1}, s_{j+1}, \ldots, s_N)$. Mit $\hat{s}_j \uparrow s_{-j}$ bezeichnet man diejenige strategische Konstellation, die aus s beim Ersetzen der Strategie s_j durch die Strategie $\hat{s}_j$ entsteht.

Definition 3.2 Eine strategische Konstellation s heißt *individuell-rational*, falls sie jedem Spieler zumindest seine *Sicherheitsschwelle*[4] $\mathfrak{s}_i$ garantiert, d.h.

$$u_i(s) \geq \min_{s_{-i}} \max_{s_i} u_i(s) = \max_{s_i} \min_{s_{-i}} u_i(s) =: \mathfrak{s}_i, \quad \text{für alle } i. \quad (3.1)$$

Eine Strategie σ_i, für die

$$\min_{s_{-i}} u_i(\sigma_i \uparrow s_{-i}) = \mathfrak{s}_i \quad (3.2)$$

gilt, wird als *Sicherheitstrategie* des i-ten Spielers bezeichnet.

Um die Menge individuell-rationaler Konstellationen in Munks Würfelspiel zu bestimmen, muss man die Bimatrix

	1	2
1	0 , 0	1 , 1
2	$-1, -1$	0 , 0

in ihre Matrixbestandteile aufspalten und die beiden resultierenden identischen Matrizen

$$A^1 = \begin{pmatrix} 0 & 1 \\ -1 & 0 \end{pmatrix} = A^2$$

jeweils als Matrixspiele interpretieren, in denen Zeilenspieler Munk und Ezechiel (als Spaltenspieler) gegen einen schädigenden Nullsummen-Gegner antreten müssten.

---

[4] Die Existenz der in (3.1) und (3.2) angeführten Extremwerte wird in der Folge stets vorausgesetzt.

Da beide Matrixspiele Sattelpunkte in reinen Strategien besitzen und über den gleichen Spielwert von 0 verfügen, ist Peter Munks einzige Sicherheitsstrategie durch seine erste Strategie *fair* gegeben. Für Ezechiel erhalten wir dementsprechend die zweite seiner reinen Strategien, *gezinkt*, als eindeutige Sicherheitsstrategie.

Unter den vier möglichen reinen strategischen Konstellationen gibt es nur eine, die für beide Spieler die Sicherheitschwelle von 0 unterschreitet und somit nicht individuell-rational ist: die Situation, in der Munk gezinkte Würfel verwendet, Ezechiel jedoch fair spielt. In Bild 3.1 sind die Auszahlungspaare, die den reinen individuell-rationalen strategischen Konstellationen entsprechen, als schwarz eingefärbte Knotenpunkte dargestellt.

Dabei kann der kreisförmige Knoten den beiden individuell-rationalen Konstellationen zugeordnet werden, in denen Munk und Ezechiel die gleiche reine Strategie anwenden; der quadratische Knoten entspricht nun der asymmetrischen individuell-rationalen Konstellation, in der Munk fair spielt, Ezechiel jedoch betrügt.

Um die individuell-rationalen strategischen Konstellationen in ge-mischten Strategien zu bestimmen, werden die Strategienmengen $S_i = \{1,2\}$ des endlichen Zweipersonen-Spiels zwischen Munk und Ezechiel durch $S_i := \{s_i = (x_i, 1 - x_i) \mid 0 \le x_i \le 1\}$ ersetzt. x_i ist die Wahrscheinlichkeit, mit der Munk ($i = 1$) oder Ezechiel ($i = 2$) zu den fairen Würfeln greift. Die Spezialfälle $x_i = 1$ und $x_i = 0$ erfassen die Spielweise in reinen Strategien.

Falls Munk nunmehr die gemischte Strategie $s_1 = (x_1, 1 - x_1)$ verwendet, Ezechiel jedoch $s_2 = (x_2, 1 - x_2)$ ins Spiel bringt, stimmt der Auszahlungswert $u_i(s_1, s_2)$, $i = 1,2$, für beide Spieler überein und beträgt:

$$u_i(s_1, s_2) = (x_1, 1 - x_1) \begin{bmatrix} 0 & 1 \\ -1 & 0 \end{bmatrix} \begin{pmatrix} x_2 \\ 1 - x_2 \end{pmatrix} = x_1 - x_2. \quad (3.3)$$

Die Menge individuell-rationaler strategischer Konstellationen in gemischten Strategien kann nun wie folgt angegeben werden:

$$\{s = ((x_1, 1 - x_1), (x_2, 1 - x_2)) \mid x_1 - x_2 \geq 0\}. \qquad (3.4)$$

Der in Bild 3.1 verzeichnete, zur Gänze im positiven Quadranten verlaufende, Streckenabschnitt besteht aus Auszahlungspaaren, die der Menge (3.4) zugeordnet werden können.

Die bereits früher angedeutete Auswahl der individuell-rationalen Konstellation $s = ((1,0), (0,1))$ als eindeutige Lösung des Spiels scheint nun durch die Tatsache begründbar, dass sie und sonst kein anderes Element der Menge (3.4) beiden Spielern den maximal erreichbaren Auszahlungswert zusichert. Ein einseitiger Strategiewechsel würde klarerweise sowohl für Munk als auch für Ezechiel einen Nutzenverlust zeitigen. Diese Stabilitätseigenschaft wird in der Folge für allgemeinere Spielsituationen formuliert.

Definition 3.3 Eine strategische Konstellation s heißt *stabil für den j-ten Spieler*, falls für alle Strategien $\bar{s}_j \in S_j$, mit $\bar{s}_j \neq s_j$, folgende Ungleichung

$$u_j(s) \geq u_j(\bar{s}_j \uparrow s_{-j}) \qquad (3.5)$$

erfüllt ist. Ist die strategische Konstellation s stabil für den j-ten Spieler, so wird jedes Element der Menge

$$\mathfrak{B}_j(s) := \{s'_j \in S_j \mid u_j(s'_j \uparrow s_{-j}) = u_j(s)\}, \qquad (3.6)$$

für die selbstverständlich $\mathfrak{B}_j(s) \neq \emptyset$ gilt, da sie zumindest aus der Strategie s_j besteht, als *beste Antwort* von j auf s_{-j}, das strategische Komplement zu s_j, bezeichnet.

Die Menge bester Antworten eines Spielers j auf die gegnerischen Strategien lässt sich auch für den Fall strategischer Konstellationen s formulieren, deren Stabilität für den j-ten Spieler nicht vorausgesetzt wird.

41

Unter der Menge bester Antworten des Spielers j auf ein vorgegebenes strategisches Komplement s_{-j} versteht man:

$$\mathfrak{B}_j(s) := \{s'_j \in S_j \mid u_j(s'_j \uparrow s_{-j}) \geq u_j(\bar{s}_j \uparrow s_{-j}) \; \forall \; \bar{s}_j \in S_j\}. \qquad (3.7)$$

In (3.7) ist keine Abhängigkeit der Menge $\mathfrak{B}_j(s)$ von Strategie s_j zu beobachten; wir werden in der Folge, aus formalen Gründen, dennoch diese Bezeichnung der passenderen $\mathfrak{B}_j(s_{-j})$ vorziehen.

Unter der *Bestantwort-Korrespondenz* des j-ten Spielers versteht man nun die mengenwertige Abbildung $\mathfrak{B}_j : S \rightarrow 2^{S_j}$, die jeder strategischen Konstellation s, die als Element der Potenzmenge 2^{S_j} von S_j darstellbare Menge $\mathfrak{B}_j(s)$ seiner besten Antworten auf das strategische Komplement s_{-j} zuordnet.

Definition 3.4 Eine strategische Konstellation s wird als *Nash-Gleichgewicht* bezeichnet, falls sie für jeden Spieler stabil ist, d.h. falls die Ungleichung (3.5) für $j = 1, \ldots, N$ gilt. Ist für alle $j = 1, \ldots, N$ und für alle Strategien $\bar{s}_j \in S_j$, mit $\bar{s}_j \neq s_j$, die Ungleichung

$$u_j(s) > u_j(\bar{s}_j \uparrow s_{-j}) \qquad (3.8)$$

erfüllt, so spricht man von einem *strikten Nash-Gleichgewicht*.

Die strategische Konstellation $((1,0), (0,1))$ in Peter Munks Würfelspiel erweist sich somit als striktes Nash-Gleichgewicht. Munks reine Strategie *fair* ist offensichtlich die eindeutig beste Antwort auf Ezechiels reine Strategie *gezinkt* und *viceversa*.

Satz 3.1 *Eine strategische Konstellation s ist genau dann ein Nash-Gleichgewicht, wenn sie folgender Bedingung genügt:*

$$s \in \times_{j=1}^{N} \mathfrak{B}_j(s), \qquad (3.9)$$

d.h., falls jede ihrer Strategien s_j beste Antwort auf das zugehörige strategische Komplement s_{-j} ist. s ist genau dann ein striktes Nash-Gleichgewicht, wenn die mengentheoretische Identität

$$\mathfrak{B}_j(s) = \{s_j\}, \tag{3.10}$$

für alle $j = 1, \ldots, N$ gilt, d.h., falls jede ihrer Strategien s_j eindeutige beste Antwort auf das zugehörige strategische Komplement s_{-j} ist.

Beweis. Die Behauptungen des Satzes lassen sich unmittelbar aus den Beziehungen (3.5), (3.6), (3.7) und (3.8) ableiten   **q.u.e.d.**

Die Frage nach der Existenz eines Nash-Gleichgewichtes in einem Spiel in Normalform-Darstellung lässt sich gemäß der Bedingung (3.9) des Satzes 3.1 durch Angabe der Bedingungen beantworten, unter denen die mengenwertige Abbildung $\mathfrak{B} : S \to 2^S$, die jeder strategischen Konstellation s die Menge $\times_{j=1}^{N} \mathfrak{B}_j(s)$ zuordnet, einen Fixpunkt s besitzt.

Mit dem ersten Ergebnis dieser Art stieß der junge John Forbes Nash jr. die Tür zur spieltheoretischen Unsterblichkeit[5] auf. In [86] – einer aus 28 Zeilen bestehenden Mitteilung in den *Proceedings of the National Academy of Sciences of the United States of America*, die noch vor Erscheinen seiner Dissertation publiziert wurde – verwendet er den Fixpunktsatz von Kakutani [61] für mengenwertige Abbildungen, um die Existenz eines Gleichgewichtes in gemischten Strategien für jedes endliche Spiel in Normalform-Darstellung zu zeigen.

Leser, die gemeinhin mathematische Existenzbeweise nur als eine Art Fetisch betrachten, können im Kasten 3.1 zur Quintessenz der Fragestellung vorstoßen; sie dürfen danach (hoffentlich mit recht schlechtem Gewissen) die einzelnen Schritte zur Demonstration des Satzes 3.2 mit dem zarten Hinweis überspringen, dass der Beweis schließlich trivial sei.

---

[5] Die Türschwelle zu John von Neumanns Büro erwies sich hingegen als unüberschreitbar. Der Vater der Spieltheorie wies des Neulings frechen Versuch, neue spieltheoretische Wege zu beschreiten, mit der wahrheitsgetreuen aber relativ unfairen Bemerkung ab: „Das ist ja bloß ein Fixpunktsatz!". Dies teilt uns Sylvia Nasar in ihrer faszinierenden Nash Biographie [84] mit.

Satz 3.2 *Jedes endliche Normalform-Spiel besitzt (zumindest) ein Nash-Gleichgewicht in gemischten Strategien.*

Beweis. Kakutanis Fixpunktsatz [61] lässt (unter anderem) folgende hinreichende Bedingungen für die Existenz eines Fixpunktes einer mengenwertigen Abbildung $\mathcal{G} : D \to 2^D$ zu:

1. D ist eine kompakte, konvexe und nichtleere Teilmenge eines euklidischen Raumes,

2. für jedes $d \in D$ ist $G(d)$ stets eine nichtleere, konvexe Teilmenge von D,

3. der Graph von G ist abgeschlossen, d.h. für je zwei konvergente Folgen von Punkten $d_n \in D$ und $\delta_n \in D$ mit $d = \lim_{n\to\infty} d_n \in D$ und $\delta = \lim_{n\to\infty} \delta_n \in D$ folgt aus $\delta_n \in G(d_n)$ für alle n auch $\delta \in G(d)$.

---

[6] Wir denken da, beispielsweise, an Strategienmengen S_i, die kompakte, konvexe und nichtleere Teilmengen eines euklidischen Raumes sind.

Da in einem endlichen Spiel die Menge gemischter Strategien des j-ten Spielers

$$S_j := \{ s_j = (s_{j1}, \dots s_{jm_j}) \mid \sum_{k=1}^{m_j} s_{jk} = 1;\ s_{jk} \geq 0 \} \qquad (3.11)$$

als $m_j - 1$-dimensionaler Simplex in $\mathbb{R}^{m_j}$ stets kompakt, konvex und nichtleer ist, folgt daraus die erste der vorangehenden Bedingungen für den Definitionsbereich $\times_{j=1}^{N} S_j \subset \times_{j=1}^{N} \mathbb{R}^{m_j}$ der mengenwertigen Abbildung $\mathfrak{B}$.

Die Auszahlungsfunktion des j-ten Spielers[7]

$$u_j(s) = \sum_{k_1=1}^{m_1} \cdots \sum_{k_N=1}^{m_N} \prod_{i=1}^{N} s_{ik_i} a_{k_1 \dots k_N}^{j} \qquad (3.12)$$

ist linear und somit auch stetig in s_j. Da S_j kompakt ist, besitzt u_j als Funktion von s_j ein Maximum in S_j; die Menge $\mathfrak{B}_j(s)$ der besten Antworten des j-ten Spielers auf das strategische Komplement s_{-j} ist somit stets nicht leer.

Es seien nun $\hat{s}_j$ und $\bar{s}_j$ zwei beste Antworten auf s_{-j}, d.h.

$$u_j(\hat{s}_j \uparrow s_{-j}) \geq u_j(s_j' \uparrow s_{-j}) \quad \text{für alle} \quad s_j' \in S_j$$

und

$$u_j(\bar{s}_j \uparrow s_{-j}) \geq u_j(s_j' \uparrow s_{-j}) \quad \text{für alle} \quad s_j' \in S_j.$$

Wegen der (multi)linearen Gestalt (3.12) der Auszahlungsfunktion u_j gilt nun für $\tilde{s}_j := \lambda \hat{s}_j + (1 - \lambda)\bar{s}_j$, mit $0 < \lambda < 1$,

$$u_j(\tilde{s}_j \uparrow s_{-j}) = \lambda u_j(\hat{s}_j \uparrow s_{-j}) + (1 - \lambda)u_j(\bar{s}_j \uparrow s_{-j})$$

und folglich auch

---

[7] Unter $a_{k_1 \dots k_N}^{j}$ verstehen wir den Auszahlungswert des j-ten Spielers, unter der Annahme, dass Spieler i, für $i = 1, \dots, N$, seine reine Strategie k_i ausspielt.

$$u_j(\tilde{s}_j \uparrow s_{-j}) \geq \lambda u_j(s'_j \uparrow s_{-j}) + (1 - \lambda)u_j(s'_j \uparrow s_{-j}) = u_j(s'_j \uparrow s_{-j})$$

für alle $s'_j \in S_j$. Daraus lässt sich aber die Konvexität der nichtleeren Menge $\mathfrak{B}_j(s)$ ableiten, was in weiterer Folge den Nachweis erbringt, dass für jedes $s \in \times_{j=1}^{N} S_j$ die Menge $\mathfrak{B}(s)$ eine nichtleere, konvexe Teilmenge von $\times_{j=1}^{N} S_j$ ist.

Aus der Stetigkeit der Auszahlungsfunktion (3.12) bezüglich s_j folgt letztlich die Abgeschlossenheit des Graphen von $\mathfrak{B}$ (für den Beweis siehe Fudenberg und Tirole. [42], S. 30). q.u.e.d.

3.2 Berühmte 2×2-Spiele

Unter den 78 unterschiedlichen[8] Spielen, die man simultan, zu zweit und unter Verwendung bloß zweier Aktionen durchfechten kann, lassen sich einige der faszinierendsten sozialen Konfliktsituationen entdecken, die man gemeinhin mit der Spieltheorie verbindet.

Wir wollen in diesem Abschnitt drei soziale Konfliktsituationen und ihre Nash-Gleichgewichte interpretieren. Allen gemeinsam ist die Eigenschaft der Symmetrie, die wir schon anhand des Schere-Stein-Papier Spiels kennengelernt haben. Während das letztere Spiel ein Nullsummenspiel war, können in den drei Spielen dieses Abschnittes die Spieler ohne weiteres gemeinsam gewinnen, oder auch gemeinsam verlieren.

Den Spielern stehen zwei Optionen zur Verfügung: die Erste, die wir – im Vorgriff auf die im Kapitel 5 vorgesehene evolutionäre Interpretation strategischer Spiele – als Löwenstrategie bezeichnen wollen, steht für ein aggressives, nichtkooperatives Verhalten; die Lammstrategie, als zweite Option vorgesehen, verkörpert eher die kooperative Einstellung.

---

[8] siehe die Taxonomie der 2×2-Spiele in Rapoport et. al. [99].

46

Wir verwenden dabei die in der Spieltheorie gebräuchliche Bimatrixdarstellung. In der linken unteren Ecke jeder Tabellenzelle tragen wir die Auszahlung des Zeilenspielers, rechts oben die des Spaltenspielers ein. Für die Spiele, die wir in der Folge untersuchen wollen, besitzen die vorgeschlagenen Auszahlungswerte einen rein ordinalen Charakter; sie sind somit nur Ausdruck einer Anordnung der möglichen Spielausgänge nach den Präferenzen des jeweiligen Spielers.

In der Spieltheorie werden andererseits weitaus öfter kardinale Auszahlungswerte vorausgesetzt; sie drücken somit auch aus, um wieviel ein bestimmter Spielausgang einem anderen vorzuziehen wäre. Da es dabei weder auf den Ursprung der Nutzenskala noch auf die Skaleneinheit ankommt, bewirkt eine entsprechende affine (d.h. positiv lineare) Transformation der Auszahlungswerte keine Veränderung des ursprünglichen Spiels.

3.2.1 Dilemma des Wettrüstens

> In England baut man flugs zwei Dreadnoughts mehr.
> Im Oberhause stürmen die Debatten.
> Es hetzt die Presse gegen Deutschlands Heer.
> Erregt kauft ganz Europa Panzerplatten.
> **Ludwig Rubiner et al.** Auf Helgoland

Zwei der Kleinsten unter den Großmächten – Liliput und Blefuscu – sind über die wichtige ideologische Frage, an welchem Ende man ein Frühstücksei aufzuschlagen habe, aneinandergeraten. Ein beiderseitiges Abrüsten könnte den bestehenden Konflikt gerade noch entschärfen. Maßgebende Kreise beider Nationen halten jedoch ein einseitiges Abrüsten auf Seiten des Gegners bei gleichzeitiger eigener Aufrüstung für das Gelbe vom Frühstücksei. In Bild 3.2 haben wir jede strategische Konstellation – jeweils aus der Sicht beider Kontrahenten – auf ihre Stabilität hin untersucht.

Hat eine Nation durch einen Strategienwechsel eine Verbesserung ihres Auszahlungswertes zu erwarten, so wird die entsprechende

Zelle der Bimatrix durch einen Pfeil[9] gekennzeichnet, der in die Richtung des höheren Auszahlungswertes weist. Ist hingegen eine Verschlechterung zu erwarten, so wird die Zelle mit einem durchgestrichenen Pfeil markiert. Die Spaltenspieler bewegen sich stets in der gleichen Zeile, Zeilenspieler hingegen in der gleichen Spalte der Bimatrix.

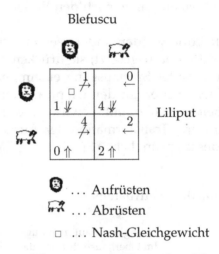

Blefuscu

Liliput

🦁 ... Aufrüsten

🐑 ... Abrüsten

□ ... Nash-Gleichgewicht

Bild 3.2: Wettrüsten als Bimatrixspiel

Es gibt einen eindeutigen Spielausgang, für den keine Nation die Notwendigkeit fühlt, eine andere als ihre momentane Strategie auszuspielen, sofern sie die Mutmaßung hat, dass ihr Widerpart bei seiner Strategie bleibt. Dieser Spielausgang entspricht dem Nash-Gleichgewicht (Löwe, Löwe), somit einem beiderseitigen Aufrüsten.

Weshalb das beiderseitige Aufrüsten die einzig mögliche Lösung des Konfliktes zwischen Liliput und Blefuscu ist, lässt sich auch wie folgt begründen. Kein Spieler würde abrüsten, da (ungeachtet der gegnerischen Aktion) die entsprechenden Spielausgänge eine etwas niedrigere Auszahlung aufweisen, als die, welche man durch das Aufrüsten erreichen kann. Diese letztere Option ist somit für beide

---

[9] Ein Doppelpfeil für Liliput, die einfache Ausführung für Blefuscu.

Spieler unter allen Umständen die eindeutig beste Antwort. In Bild 3.3 haben wir diesen Sachverhalt graphisch[10] festgehalten.

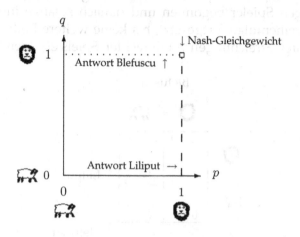

Bild 3.3: Beste Antworten im Dilemma des Wettrüstens

Man sagt auch, dass aus der Sicht beider Spieler die Strategie Aufrüsten die Strategie Abrüsten streng dominiert.[11] (Löwe, Löwe) wird auch als ein Gleichgewicht[12] in streng dominanten Strategien bezeichnet.

Die einzigen Strategien, die nie Bestandteil[13] eines strategischen Gleichgewichtes sein können, sind die streng dominierten. Spieler, die sie verwenden, agieren irrational. Da dies jedem Spieler bewusst

---

[10] Mit den Wahrscheinlichkeiten p und q entscheiden sich beide Spieler für das Aufrüsten.

[11] Falls – ungeachtet der gegnerischen Aktion – die zugehörigen Spielausgänge einer Strategie s höchstens so hohe Auszahlungswerte haben, wie die einer anderen Strategie t, s jedoch von t nicht streng dominiert wird, so spricht man von einer schwachen Dominanz, die zwischen t und s besteht.

[12] Jedes derartige Gleichgewicht ist stets auch ein Nash-Gleichgewicht.

[13] Strategische Gleichgewichte können jedoch durchaus auch schwach dominierte Strategien enthalten.

ist, erhält man durch das Ausstreichen streng dominierter Strategien eine vereinfachte jedoch stets lösungsäquivalente Darstellung des ursprünglichen Spiels. Der Streichungsvorgang wird von einem beliebigen Spieler begonnen und danach solange in wechselnder Spielerreihenfolge fortgesetzt, bis keine weitere Reduktion des bereits durch Streichungen vereinfachten Spiels erfolgen kann.

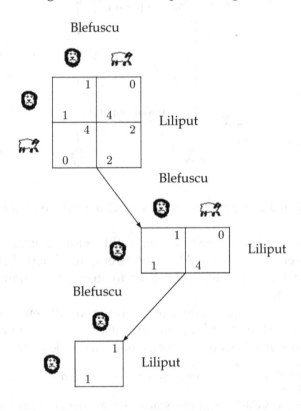

Bild 3.4: Wiederholte Streichung streng dominierter Strategien

In Spielen mit mehr als zwei Optionen kann eine reine Strategie durchaus auch von einer gemischten strikt dominiert werden.

Trotz der Eindeutigkeit des Nash-Gleichgewichtes scheint die Welt unseres Bimatrixspiels dennoch nicht ganz in Ordnung zu sein.

50

Schuld daran ist der kooperative Spielausgang (Lamm, Lamm), den beide Spieler höher als das Gleichgewicht bewerten. Kooperation lässt sich jedoch nur erreichen, falls die Spieler – in eklatanter Verletzung der Rationalitätsannahme – vom Pfad der besten Antwort abweichen.

Dieses Paradoxon weist unter anderem darauf hin, dass wir mit dem Dilemma des Wettrüstens nur eine von vielen Verkleidungen des Gefangenendilemmas (siehe [98]) untersucht haben.

3.2.2 Denn sie wissen nicht, was sie tun

> Wenn alle mutig sind,
> ist das Grund genug Angst zu haben.
> **Gabriel Laub.** Denken verdirbt den Charakter

> Was wäre der Held ohne den Feigling?
> **Werner Mitsch.** Hin- und Widersprüche

In *Rebels without a cause* stellt James Dean einen wohlstandsverwahrlosten Teenager dar, der zu einem Wagenrennen auf Leben und Tod herausgefordert wird. Die zwei Widersacher rasen in entwendeten Amischlitten auf einen Abgrund zu. *chicken* (somit Feigling und Verlierer) ist derjenige, der sich als erster aus dem fahrenden Fahrzeug fallen lässt. Der Philosoph Bertrand Russell verwendete eine einfachere Variante als Metapher für das nukleare Gleichgewicht des Schreckens.

Kasten 3.2: Bertrand Russells Chicken-Variante

Auf einer für den allgemeinen Verkehr gesperrten Landstraße rasen zwei Fahrzeuge aufeinander zu. Verlierer ist derjenige, der als Erster ausweicht.

In Bild 3.5 haben wir diese Variante als Bimatrix-Spiel formuliert. Die Bewertung der Spielausgänge ergibt folgende (symmetrische) Skala: überlebender Held, genauso feig wie der Andere, ein Feigling (jedoch am Leben), toter Held.

Kasten 3.3: Das Chicken-Spiel

James, der hielt sich ohnehin
Für so halbstark wie der Dean.
Um sich endlich zu beweisen,
Stahlen sie zwei heiße Eisen,
Als ein schneller (Start bis Ziel-)
Untersatz fürs Chicken-Spiel.

Auf der Strasse Mittelspur
Aufeinander zu man fuhr.

Feiglinge und ihresgleichen
Sind bestrebt stets auszuweichen.
Will man sich die Schmach ersparen:
Vollgas geben, gradaus fahren!
Tun dies beide, so vermelden
Medien zwei tote Helden.

Eine Stabilitätsanalyse mittels der uns bereits vertrauten Pfeildiagramme ergibt zwei Spielausgänge, für die kein Spieler die Notwendigkeit verspürt, als Einziger seine gegenwärtige reine Strategie zu ändern. Doch sind dies wirklich die einzigen strategischen Gleichgewichte unserer Bimatrix? Überall dort wo Dominanzkriterien das vorliegende Spiel nicht vereinfachen können, lässt sich diese Frage durch die Herleitung der Reaktionsfunktionen[14] beantworten. Wegen der Symmetrie des Chicken-Spiels genügt es, sich die besten Antworten des Zeilenspielers vorzunehmen.

---

[14] Wir werden in Hinkunft den Begriff Reaktion als Synonym für die beste Antwort verwenden.

Dean

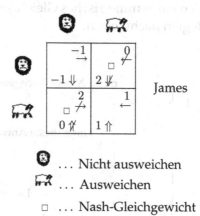

James

🦁 ... Nicht ausweichen

🐑 ... Ausweichen

□ ... Nash-Gleichgewicht

Bild 3.5: Das Chicken-Spiel

Es sei nun q die Wahrscheinlichkeit, mit der sich der Spaltenspieler für die Heldenrolle (Strategie Löwe) entscheidet. Welche Optionen hat nunmehr der Zeilenspieler? Wählt er die reine Strategie Löwe, so beträgt seine erwartete Auszahlung: $(-1) \times q + 2 \times (1 - q) = 2 - 3q$; andernfalls führt seine reine Entscheidung für die Rolle des Feiglings auf einen Auszahlungswert von: $1 - q$.

Ein rationaler Spieler wird stets im Sinne seiner besten Antwort reagieren und sich dabei für die nützlichere Strategie entscheiden. Diese ist Lamm für $q > 1/2$; für $q < 1/2$ hingegen Löwe. Nur für den Wert $q = 1/2$ geht die Eindeutigkeit der besten Antwort verloren. Der Zeilenspieler ist zwischen seinen beiden reinen Strategien indifferent; er erreicht mit jeder seiner gemischten Strategien den gleichen erwarteten Auszahlungswert. In Bild 3.6 sind die besten Antworten beider Spieler eingetragen. Der Spaltenspieler reagiert in Abhängigkeit von der Wahrscheinlichkeit p, mit der die Heldenrolle vom Zeilenspieler verkörpert wird.

Dies ermöglicht uns letztlich die Gegenüberstellung der besten Antworten im Chicken-Spiel. Die Schnittpunkte der abgeleiteten Reaktionskurven stellen sämtliche Nash-Gleichgewichte des Spiels dar. Zusätzlich zu den bereits bekannten Gleichgewichten in reinen Strategien lässt sich ein symmetrisches Gleichgewicht in vollständig gemischten Strategien nachweisen.

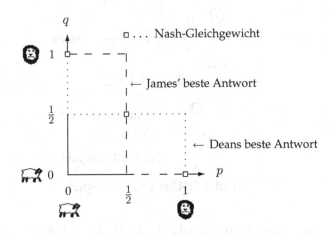

Bild 3.6: Beste Antworten im Chicken-Spiel

Wissen die Spieler im simultan zu spielenden Chicken-Spiel denn wirklich, was sie tun? In den asymmetrischen Gleichgewichten ist der Held stets darauf angewiesen, dass sein Gegner die Rolle des Feiglings übernimmt. Wie kann er sich jedoch dessen sicher sein? Das symmetrische Gleichgewicht setzt dagegen voraus, dass ein Spieler seine Strategie – ohne dass der Gegenspieler hiervon Kenntnis erlangt – durch einen Münzwurf auswählt. Dies mag zwar *cool* sein, jedoch kaum effizient.

Kein Wunder, dass die Adepten der Spieltheorie für eine Verlagerung etwaiger Koordinationsbemühungen in das (nichtexistente) Vorspiel votieren. Herman Kahn hat in seinen Beschreibungen des Chicken-Spiels als Metapher für die fatalen Konfrontationen des thermonuklearen Zeitalters [59], [60] einen wahrhaft atemraubenden Untergriff entworfen.

Kasten 3.4: Untergriffe im Chicken-Spiel

Wir befinden uns in der letzten Phase des Wettrennens. Dean kann schon seinen Gegner erkennen, wie er in halsbrecherischem Tempo auf ihn zurast. Noch drei, zwei Minuten bis zum fatalen Zusammenstoß. Plötzlich kurbelt James sein Seitenfenster hinunter und wirft weithin sichtbar sein Lenkrad aus dem Wagen.

Ein Held ist geboren. Das Signal ist schlechthin überzeugend. James kann nun beim besten Willen nicht mehr ausweichen. Doch was passiert, wenn sein Zwilling Dean sich – dem gleichen Grundeinfall folgend und im gleichen Sekundenbruchteil – ebenfalls seines Lenkrads entledigt?

Untergriffe, Drohgebärden, leeres Geschwätz[15] können allesamt in der Vorspielphase nur dann ernstgenommen werden, wenn sie als gültige Regeln eines erweitertes Spiel definiert sind. Im Prinzip beruht auch Robert Aumanns metaphysisch angehauchtes Konzept eines *korrelierten Gleichgewichtes* [2] auf eine derartige Erweiterung.

Die Spieler würden in einem solchen Falle die Kontrolle über das Spiel völlig aus der Hand geben. So könnten im *ornitheios*-Spiel[16] die missratenen Teenager Harmodios und Aristogeiton – kurz bevor sie in ihre Streitwagen einsteigen – das Orakel von Delphi befragen.

Beide wissen, dass Pythia jeweils gleich wahrscheinlich einen der drei (im Bild 3.7 mit dem Würfelzeichen) markierten Spielausgänge ausgewählt hat. Das Orakel bleibt jedoch (wie üblich) äußerst vage und teilt jedem Spieler insgeheim nur die reine Strategie mit, der er sich gefälligst bedienen sollte.

Werden Harmodios und Aristogeiton den Weisungen des Orakels folgen? Wenn sie es tun, dann sicherlich nicht aus Angst vor den Göttern, oder weil es in ihrem Horoskop steht. Der beste Grund ist ein spieltheoretischer: sie tun es, weil es rational ist, es zu tun.

---

[15] in der spieltheoretischen Literatur als *cheap talk* bezeichnet.
[16] *ornitheios* = altgriechisch für Huhn.

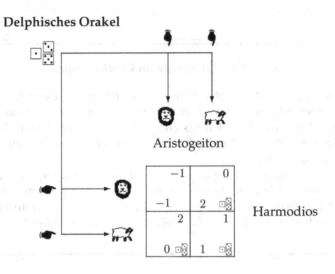

Bild 3.7: Wie man ein korreliertes Gleichgewicht erreicht

Wurde Harmodios die Löwen-Strategie anempfohlen, dann weiß er mit Sicherheit, dass Aristogeiton als Feigling vorgesehen ist. Er wird somit dem Orakel gehorchen. Lautet der Orakelspruch jedoch auf Lamm, so trifft Harmodios jeweils mit Wahrscheinlichkeit $1/2$ auf einen Löwen oder auf ein (anderes) Lamm. Sein erwarteter Auszahlungswert von $0 \times (1/2) + 1 \times (1/2) = 1/2$ lässt sich leider durch einen Strategienwechsel nicht verbessern. Auch diese Anweisung wird somit respektiert. Als höchst erfreuliches Resultat dieser Folgsamkeit steht jedem Spieler ein erwarteter Nutzen von $2 \times (1/3) + (1/2) \times (2/3) = 1$ ins Haus; genau doppelt soviel wie im symmetrischen Nash-Gleichgewicht.

Dies alles ändert jedoch nichts an der Tatsache, dass für die ursprüngliche Spielformulierung nur die drei Nash-Gleichgewichte als Lösung in Frage kommen. Evolutionäre Argumente, wie wir sie in Kapitel 5 kennenlernen werden, verwerfen jedoch die asymmetrischen Gleichgewichte und legen uns nahe, das symmetrische Gleichgewicht in gemischten Strategien als die Lösung des Spiels zu betrachten.

In der Tagespolitik haben die asymmetrischen Gleichgewichte durchaus ihre Bewährungsprobe abgelegt. Auf dem Höhepunkt der Kuba-Krise ist der Zil-Fahrer Chruschtchew dem in rüdester Halbstarkenmanier (in einem Lincoln?) heranbrausenden Kennedy drei Sekunden vor dem Big Bang ausgewichen. In diesem Zusammenhang muss man sicherlich dafür dankbar sein, dass das Prinzip der Spielwiederholung und das Ausspielen gemischter Strategien nicht zur Anwendung gelangten.

3.2.3 Die Hirschjagdparabel

Jean-Jacques Rousseau – einer der einflussreichsten Vertreter der politischen Philosophie des 18ten Jahrhunderts – hat in seinem Diskurs über den Ursprung der Ungleichheit folgendes Gleichnis vom Zwiespalt zwischen den individuellen Zielen und dem gemeinschaftlichen Willen entworfen:

Kasten 3.5: Rousseaus Hirschjagdparabel

Im Verlauf einer Jagd ist es einer Gruppe von Jägern gelungen, einen Hirsch sowie mehrere Hasen einzukreisen. Die in die Enge getriebenen Tiere versuchen gleichzeitig auszubrechen. Jeder Jäger steht nunmehr vor der Wahl, entweder die Hasen entkommen zu lassen und gemeinsam mit den Anderen, den Ausbruch des Hirschen zu verhindern, oder sich nach dem nächstbesten Hasen zu bücken und deswegen vom edleren Wild übersprungen zu werden. Der Hirsch kann nur dann erlegt werden, wenn jedermann der Versuchung widersteht, den leichteren Fang zu machen. Gibt es nur einen einzigen Jäger, dem der Sinn nach Hasenbraten steht, so ziehen diejenigen den Kürzeren, die das gemeinsame Wohl achten.

Spaltenjäger

Zeilenjäger

🦁 ... einen Hasen fangen

🐑 ... den Hirschen erjagen

□ ... Nash-Gleichgewicht

Bild 3.8: Die Bimatrix der Hirschjagdparabel

Das Gleichnis der Hirschjagd trifft auf gar manche soziale Zwangslage zu. Poundstone [95] bemüht den Vergleich mit der Meuterei auf der Bounty. Ab einer gewissen kritischen Anzahl an Angehörigen der Schiffsbesatzung, die sich weigern würden, den Aufruhr gegen Kapitän Bligh mitzutragen, wären die Meuterer um Fletcher Christian, den ersten Maat, verloren.

In Bild 3.8 haben wir die Hirschjagdparabel auf das klare Niveau eines Zweipersonen-Spiels reduziert. Als reine Nash-Gleichgewichte qualifizieren sich die symmetrischen Paare (Löwe, Löwe) sowie (Lamm, Lamm).

Eine in Bild 3.9 vorgenommene graphische Analyse der besten Antworten bestätigt diese Empfehlung und identifiziert zusätzlich ein symmetrisches Gleichgewicht in gemischten Strategien. (Lamm, Lamm) dominiert überdies (aus der Sicht beider Spieler) wertmäßig die beiden anderen Gleichgewichte. Man spricht in diesem Falle von *Pareto-Dominanz* oder -*Effizienz*. Im Rahmen der in Kapitel 8 vorgestellten Ansätze der kooperativen Spieltheorie werden wir uns eingehender mit Fragen der kollektiven Rationalität beschäftigen und die Definition einer Pareto-effizienten Auszahlung vornehmen.

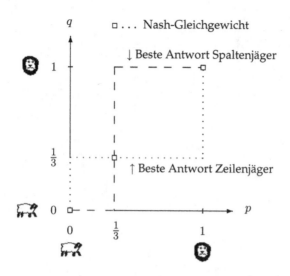

Bild 3.9: Beste Antworten für die Hirschjagdparabel

Ist (Lamm, Lamm) letztendlich die Lösung des Spiels? Harsanyi und Selten würden im Sinne ihrer verzwickten Theorie zur Gleichgewichtsauswahl [51] darauf verweisen, dass diese Spielweise von (Löwe, Löwe) *risiko-dominiert* wird und somit durch gegnerische Koordinationsfehler weitaus mehr zu verlieren hätte.

In unserem einfachen Spiel lässt sich Risikodominanz wie folgt erklären. Ein Löwe-Spieler wird seine Strategienwahl erst dann bedauern, wenn sein Gegner die Strategie Lamm mit einer Wahrscheinlichkeit, die größer als 2/3 ist, spielt. Dieser Wert von 2/3 gibt die Widerstandskraft von (Löwe, Löwe) der Spielweise (Lamm, Lamm) gegenüber an. Die Widerstandskraft von (Lamm, Lamm) der Spielweise (Löwe, Löwe) gegenüber ist jedoch mit 1/3 wesentlich geringer.

Wir werden in einem späteren Kapitel dynamische Argumente für die Auswahl des risiko-dominanten Gleichgewichts bemühen und diese Frage letztlich von zellulären Automaten ausspielen lassen.

Kapitel 4
Extensive Spiele
oder
Information und Verhalten

> Es kam vor, dass hinter diesem oder jenem Zug mehrere Zugfolgen in Klammern standen, (...), so dass sich an dieser Stelle die Partie wie ein Flusslauf verzweigte und man zunächst jeden einzelnen Flussarm verfolgen musste, ehe man zur Hauptfahrrinne zurückgelangte.
>
> **Vladimir Nabokov.** *Lushins Verteidigung*

Im vorliegenden Kapitel beschäftigen wir uns mit Spielen, die durch all ihre realisierbaren Spielverläufe (vom Anbeginn an bis zum süß-bitteren Ende) beschrieben werden können. Wir bezeichnen diese Spielpfade als *Partien* und fassen sie zu einer Menge $\mathcal{A}$, die endlich oder auch unendlich sein kann, zusammen.

Im endlichen Fall kann $\mathcal{A}$ als Indexmenge $\{1,2,\ldots,k\}$ aller Partien angeschrieben werden. Die ersten Strukturen dieser Art wuchsen als sogenannte Spielbäume bereits in von Neumann und Morgensterns Monographie [89] in den Himmel. Kuhn [69] stutzte den anfänglichen Wildwuchs der Darstellung durch die allgemein verständliche Beschreibung von Strategien als Funktionen, die für jeden Spieler die ihm zur Verfügung stehende Information laufend in Aktionen abbilden, zurecht.

Während es stets möglich ist, von einer Spielbaumformulierung zur abstrakten Normalform zu gelangen, um dort die Suche nach Gleichgewichten erfolgreich vorzunehmen, vermitteln gemischte Gleichgewichte der Normalform keine unmittelbar einsichtigen Verhaltensmuster im extensiven *Zug um Zug* Spiel.

Es war wiederum Kuhn, der einen Weg aus diesem Dilemma wies. In [69] zeigte er, dass es für die Klasse der extensiven Spiele, in der alle Spieler durch ein vollkommenes Erinnerungsvermögen[1] ausgezeichnet sind, eine gleichwertige Möglichkeit gibt, die gemischten Strategien darzustellen. In einer *Verhaltensstrategie* werden sämtliche Züge des Spielers in jeder Informationsmenge, in der er am Zug ist, durchgemischt.

Nach einer zu Beginn erforderlichen Klärung der verwendeten Terminologie, werden wir in der Folge Eigenschaften extensiver Spielweisen anhand beispielhafter Spielsituationen erläutern. Die Glaubwürdigkeit strategischer Gleichgewichte steht im ersten dieser Spiele auf dem Prüfstand. Selten [110], [111] verdanken wir die Einsicht, dass manche Gleichgewichte in unerreichten Teilen des Spielbaumes fragwürdige, da ungleichgewichtige, Empfehlungen abgeben.

Danach wenden wir uns dem Bestiarium der Spieltheorie zu. Der *Tausendfüßler* Rosenthals, Seltens *Pferd* und Kohlbergs *Dalek* werden wesentliche Denkweisen der Spieltheorie erläutern, wie sie in den Ansätzen zur Verfeinerung der Gleichgewichtslösungen und in den Argumenten der Rückwärts- und Vorwärtsrechnung ihren Ausdruck finden.

Die auf Mengen und Ordnungsrelationen beruhenden abstrakten Definitionen,[2] die wir in den nächsten Abschnitten verwenden, folgen grundsätzlich der von Ritzberger [101] und Alós-Ferrer et. al. [1] vorgeschlagenen einheitlichen Begriffsbildung einer extensiven Form für endliche und unendliche Spiele. Obwohl dieser Ansatz für den endlichen Fall nicht notwendig erscheint, ist er prädestiniert, die strukturellen Eigenschaften extensiver Spielweisen einheitlich vorzugeben und somit das Spielfeld für komplexe Zusammenhänge vorzubereiten.

---

[1] was ihr vergangenes Wissen und ihre bereits durchgeführten Spielzüge betrifft.
[2] Es handelt sich dabei unter anderem um die Definitionen 4.1 bis 4.6, die auf Ritzberger [101] fußen.

4.1 Spiele mit einer endlichen Anzahl von Partien

Definition 4.1 Ein *Spielbaum* $\mathcal{B}$ eines endlichen Spiels ist ein Paar $\mathcal{B} = (\mathcal{A}, \mathcal{N})$, bestehend aus der Indexmenge $\mathcal{A}$ aller Partien sowie einer (bezüglich der Mengeninklusion) teilgeordneten Menge $\mathcal{N}$ von nichtleeren Teilmengen der Menge $\mathcal{A}$, für die folgende Bedingungen gelten:

$$\mathcal{A} \in \mathcal{N}, \tag{4.1}$$

$$\{i\} \in \mathcal{N}, \quad \text{für alle} \quad i \in \mathcal{A}, \tag{4.2}$$

$$\text{für} \quad a, b \in \mathcal{N} \text{ gilt:} \quad a \cap b \neq \emptyset \Rightarrow (a \subset b) \vee (b \subseteq a). \tag{4.3}$$

Die Elemente von $\mathcal{N}$ werden die *Knoten* des Baumes genannt. $\mathcal{A}$ ist der sogenannte *Wurzelknoten*; die Mengen $\{i\}$, $i \in \mathcal{A}$ stellen die *Endknoten* dar. Alle Knoten, die keine Endknoten sind, gehören zur Kategorie der sogenannten *Entscheidungsknoten*.

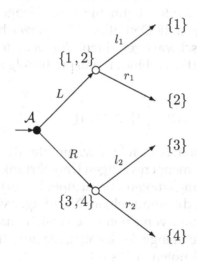

Bild 4.1: Baum eines endlichen Spiels

63

Da wir Knoten als Teilmengen von $\mathcal{A}$ definiert haben, können wir zu jedem Knoten $a \in \mathcal{N} \setminus \{\mathcal{A}\}$ einen (eindeutigen) unmittelbaren Vorgänger $V(a) \in \mathcal{N}$ durch:

$$V(a) := \bigcap_{a \subset b \in \mathcal{N}} b \qquad (4.4)$$

angeben und den Wurzelknoten zu seinem eigenen unmittelbaren Vorgänger ernennen, d.h.

$$V(\mathcal{A}) := \mathcal{A}. \qquad (4.5)$$

Durch iterierte Anwendung der Funktion V gelingt es, ausgehend von den Endknoten $\{i\}$, $i \in \mathcal{A}$, die maximalen Ketten des Baumes bis zur Wurzel zurückzuverfolgen und die Entscheidungsknoten als Zustände zu interpretieren, die über eine identische Vorgeschichte verfügen und dem Spielverlauf alle Fortsetzungen ermöglichen, die mit den Spielregeln übereinstimmen.

In Bild 4.1 ist der Spielbaum eines endlichen Spiels mit 4 Partien in traditioneller Weise als Graph dargestellt. Den einzelnen Knoten werden die entsprechenden Teilmengen der Menge $\mathcal{A} := \{1, \ldots, 4\}$ zugeordnet, die sie gemäß Definition 4.1 kennzeichnen. Dem Pfad von Pfeilen, der den schwarz gefärbten Wurzelknoten mit dem Endknoten der 3-ten Partie verbindet, entspricht folgende maximalen Kette:

$$\{1, 2, 3, 4\} \supset \{3, 4\} \supset \{3\}.$$

Um die unmittelbaren Nachfolger bestimmter Knoten anzugeben, bedient man sich der mengenwertigen Umkehrfunktion V^{-1} von V. Für einen Entscheidungsknoten a bezeichnet $V^{-1}(a)$ die Menge aller Knoten des Baumes, die unmittelbare Nachfolger von a sind. Ist D eine vorgegebene Menge von Knoten, so versteht man unter $V^{-1}(D)$ (respektive $V(D)$) die Menge der Knoten, die unmittelbare Nachfolger (Vorgänger) der Knoten in D sind.

Kasten 4.1: Spielbaumdarstellung eines extensiven Spiels

1. *Ein Pfeil im Spielbaum entspricht einem Spielzug und verbindet jeweils einen Start- sowie einen Zielknoten miteinander. Eine Folge von Pfeilen beschreibt einen Pfad, falls für jede Komponente (mit Ausnahme der ersten) der Startknoten gleichzeitig Zielknoten ihrer unmittelbaren Vorgängerin ist.*

2. *Jeder Pfad des Spielbaumes entspricht einer eigenen (Vor- oder Teil-) Geschichte des Spiels.*

3. *Ein Startknoten, der über keinerlei Vorgeschichte verfügt, wird als Wurzelknoten bezeichnet. Kann auf einen Zielknoten keine weitere Geschichte erfolgen, so wird er Endknoten genannt.*

4. *Startet ein Pfad im Wurzelknoten und endet in einem Endknoten des Spiels, so bezeichnet man die zugehörige Geschichte als Partie oder als abgeschlossen. Jeder nicht abgeschlossenen Geschichte wird ein Spieler zugeordnet, der unmittelbar danach (im Zielknoten des letzten Pfeils) am Zug ist. Jede abgeschlossene Geschichte bestimmt den zugehörigen Spielablauf und legt somit die Auszahlungswerte der Spieler fest.*

5. *Soll der Zufall (unter Umständen auch mehrmals) ins Spiel integriert werden, so definiert man einfach eine zusätzliche Spielerin – Mutter Natur – , deren Aktionen in dafür in Frage kommenden Knoten mit festgelegten Wahrscheinlichkeiten den weiteren Spielverlauf bestimmen.*

6. *In jedem Knoten, der den Endpunkt einer gewissen Vorgeschichte darstellt, kann der am Zug befindliche Spieler unter den ihm zur Verfügung stehenden Zugalternativen auswählen.*

Eine über Knoten des Baumes definierte Ereignisfolge stellt noch keine vollständige Übertragung der Spielregeln auf mathematische Strukturen dar. Wesentlich ist eine Zuordnung zwischen Spieler und denjenigen Knoten, für die er das Entscheidungsmonopol besitzt; die Beherrschung des Zufalls, welche durch die Hereinnahme eines neuen zusätzlichen Spielers abgesichert werden kann, sowie das adäquate Definieren einer Auszahlungsfunktion zur Bewertung der einzelnen Partien.

Die im Kasten 4.1 vorgenommene Beschreibung eines extensiven Spiels mit vollkommener Information kann auf eine mathematisch anspruchsvollere Art und Weise ergänzt werden.

Definition 4.2 Unter einem (endlichen) *extensiven N-Personen Spiel mit vollkommener Information* $\mathcal{G}$ versteht man ein Quadrupel $\mathcal{G} = (\mathcal{B}, \mathcal{P}, p, w)$, bestehend aus

∗)   einem Spielbaum $\mathcal{B}$,

∗)   einer Partition $\mathcal{P} = (\mathcal{P}_0, \mathcal{P}_1, \ldots \mathcal{P}_N)$ der Menge $\mathcal{N} \setminus \{\{i\}\}_{i \in \mathcal{A}}$ aller Entscheidungsknoten in Knoten, die jeweils dem i-ten Spieler (Spieler 0 ist die Natur) zur Verfügung stehen,

∗)   einer auf $V^{-1}(\mathcal{P}_0)$ (die Menge der unmittelbaren Nachfolger sämtlicher Entscheidungsknoten, die für die Einbindung des Zufalls zuständig sind) definierten Funktion p, die jedem Knoten, dessen unmittelbarer Vorgänger ein Entscheidungsknoten der Natur ist, eine Wahrscheinlichkeit, mit der er erreicht wird, zuordnet, wobei: $\sum_{y \in V^{-1}(x)} p(y) = 1$ für alle $x \in \mathcal{P}_0$,

∗)   einer Abbildung $w : \mathcal{A} \to \mathbb{R}^N$, die jeder Partie $i \in \mathcal{A}$ das N-Tupel $(w_1(i), \ldots, w_N(i))$ von Auszahlungswerten $w_j(i)$ der Spieler $j = 1, \ldots N$ zuordnet.

Jeder in einem extensiven Spiel mit vollkommener Information strategisch agierende Spieler sollte nun in der Lage sein, eine vorgegebene Spielentwicklung, die in einen Entscheidungsknoten aus $\mathcal{P}_i$ gipfelt, durch eine entsprechende Zugauswahl fortzusetzen.

Definition 4.3 *Unter einer reinen Strategie des i-ten Spielers in einem extensiven Spiel mit vollkommener Information versteht man eine Abbildung $s_i : \mathcal{P}_i \to V^{-1}(\mathcal{P}_i)$, die jedem Knoten $b \in \mathcal{P}_i$ einen unmittelbaren Nachfolger $s_i(b) \in V^{-1}(b)$ zuordnet.*

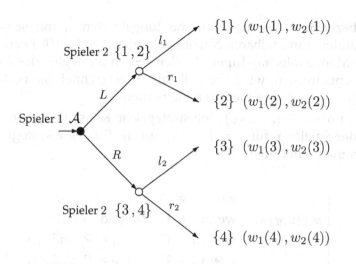

Bild 4.2: Baum eines Spiels mit vollkommener Information

In Bild 4.2 kann eine Strategie s_2 des zweiten Spielers entweder durch den Plan $s_2(\{1,2\}) = \{2\}$ und $s_2(\{3,4\}) = \{3\}$ oder auch durch die Auswahl der Pfeile r_1 für den Startknoten $\{1,2\}$ und l_2 für den Startknoten $\{3,4\}$ definiert werden. Die insgesamt vier reinen Strategien, die dem zweiten Spieler zur Verfügung stehen, lassen sich nun folgendermaßen anschreiben: l_1l_2, l_1r_2, r_1l_2 und r_1r_2. Dabei bedeutet die Schreibweise r_1l_2 die Auswahl des Pfeiles r_1 für den Entscheidungsknoten $\{1,2\}$, sowie die Auswahl des Pfeiles l_2 für den Entscheidungsknoten $\{3,4\}$. Es ist diese komprimierte und anschaulichere Darstellung für reine Strategien, die in der Folge für extensive Spiele mit vollkommener Information verwendet wird.

Falls die Anzahl der Entscheidungsknoten des i-ten Spielers durch $|\mathcal{P}_i| = m_i$ gegeben ist und $b_1, \ldots, b_{m_i}$ eine vollständige Anordnung[3] der Elemente von $\mathcal{P}_i$ bezeichnet, so kann jede reine Strategie $s_i \in S_i := \times_{j=1}^{m_i} \{a_j \mid a_j \in V^{-1}(b_j)\}$ stets als ein m_i-Tupel $(s_{i1}, \ldots, s_{im_i})$ angeschrieben werden, wobei s_{ij} die Markierung des

---

[3] die nur in trivialen Fällen durch die Mengeninklusion erzeugt werden kann.

Pfeiles bezeichnet, der den Entscheidungsknoten b_j mit seinem ausgewählten unmittelbaren Nachfolgeknoten $a_j \in V^{-1}(b_j)$ verbindet. Die Menge aller m_i-Tupel, die den reinen Strategien des i-ten Spielers entsprechen, wird ebenfalls als S_i bezeichnet. Sie besteht aus $\prod_{j=1}^{m_j} |V^{-1}(b_j)|$ verschiedenen Elementen.

Es sei nun $s = (s_1, \ldots, s_N)$ eine strategische Konstellation, in der jeweils der Spieler j, für $j = 1, \ldots N$, auf die Strategie s_j zugreift. Definiert man nun durch

$$\pi(x \mid s) = \begin{cases} 1, & \text{wenn } x = \mathcal{A} \\ p(x)\pi(y \mid s), & \text{wenn } x \in V^{-1}(y) \text{ und } y \in \mathcal{P}_0 \\ \pi(y \mid s), & \text{wenn } x \in V^{-1}(y),\ y \in \mathcal{P}_j \text{ und } s_j(y) = x \\ 0, & \text{wenn } x \in V^{-1}(y),\ y \in \mathcal{P}_j \text{ und } s_j(y) \neq x \end{cases}$$

(4.6)

die bedingte Wahrscheinlichkeit $\pi(x \mid s)$ für das Erreichen des Knotens x im zugrunde liegenden extensiven Spiel unter der Annahme, dass sich sämtliche Spieler der in s angegebenen reinen Strategien bedienen, so lässt sich der Auszahlungswert für den j-ten Spieler als

$$u_j(s) := \sum_{i \in \mathcal{A}} \pi(\{i\} \mid s) w_j(i)$$

(4.7)

anschreiben.

Die von einer strategischen Konstellation s ausgespielten Partien lassen sich unmittelbar aus (4.6) ableiten. Das Spiel startet stets im Wurzelknoten. Gipfelt die momentane Spielentwicklung in einem Entscheidungsknoten b_i, der zum Einflussbereich des j-ten Spielers gehört, so wird das Spiel stets mit demjenigen Pfeil fortgesetzt, dessen Markierung durch s_{ji} gegeben ist. Ist b_i ein Zufallsknoten, so kommt jeder unmittelbare Nachfolger a mit Wahrscheinlichkeit $p(a)$ für eine Spielfortsetzung in Frage.

Diese dynamische Sicht der Dinge lässt sich durch Reduktion des extensiven Spiels zur zugehörigen Normalform zumindest teilweise verdecken. Man versteht darunter das Spiel $(S_1,\ldots,S_N\,;\,u_1,\ldots,u_N)$, wobei die Menge S_j aus allen m_j-Tupel besteht, die den reinen Strategien des j-ten Spielers entsprechen, und der Auszahlungswert $u_j(s)$ durch (4.7) gegeben ist.

Aus Satz 3.2 folgt nun unmittelbar die Existenz eines Nash-Gleichgewichts in gemischten Strategien für jedes endliche extensive Spiel mit vollkommener Information. Dieses Ergebnis, dem der wesentliche Mangel anhaftet, dass die gemischten Strategien keine unmittelbar einsichtigen Verhaltensmuster im Spielbaum generieren, kann durch einen dynamischen Ansatz entscheidend verfeinert werden.

Satz 4.1 *Jedes endliche extensive N-Personen Spiel mit vollkommener Information besitzt ein Nash-Gleichgewicht in reinen Strategien.*

Beweis. Ein Nash-Gleichgewicht in reinen Strategien kann wie folgt mit Argumenten der Rückwärtsrechnung (Kuhn [69]) konstruiert werden:

1) Von den Endknoten sämtlicher Partien ausgehend werden die unmittelbare Vorgänger im Spielbaum aufgespürt. Handelt es sich bei einem derartigen Vorgänger um einen Knoten der Natur, so löschen wir alle seine unmittelbaren Nachfolger $j_1,\ldots,j_k$ und die Pfeile, die sie erreichen, und richten den Zufallsknoten als neuen Endknoten ein, dessen Auszahlungswerte für jeden Spieler $i \in \{1,\ldots,N\}$ durch $\sum_{l=1}^{k} p(j_l)w_i(j_l)$ gegeben sind. Jeder unmittelbare Vorgänger, der kein Zufallsknoten ist, wird als Wurzelknoten eines Teilspiels interpretiert, das als simples Entscheidungsproblem weitaus leichter zu lösen ist. Es sei j derjenige Spieler, der im fraglichen Knoten Zugrecht hat, und er möge die unmittelbaren Nachfolger $k_1,\ldots,k_i$ besitzen, die gleichzeitig Endknoten der Teilspiels sind. Da er als rationaler Entscheider den eigenen Nutzen maximiert, wählt er einen Nachfolger k_m, der die Bedingung $w_j(k_m) = \max_{l=1,\ldots,i} w_j(k_l)$ erfüllt. Die Komponente $s^\star_{jk_m}$ der reinen Strategie $s^\star_j$ erhält nun die Markierung desjenigen Pfeiles als Eintrag, der den Wurzelknoten des Teilspiels mit dem unmittelbaren Nachfolger k_m

verbindet; danach streicht man die Pfeile und Endknoten des Teilspiels und definiert den Wurzelknoten des Teilspiels als neuen Endknoten mit Auszahlungswerten, die durch $w_i(k_m)$ für $i = 1, \ldots, N$ gegeben sind.

2) Die in 1) durchgeführte Reduktion des Spielbaumes wird solange wiederholt bis der reduzierte Spielbaum nur noch aus dem ursprünglichen Wurzelknoten A besteht, der gleichzeitig die Rolle des eindeutigen Endknotens spielt.

Die im Zuge des Verfahrens vollständig abgeleitete strategische Konstellation s^* ist ein Nash-Gleichgewicht in reinen Strategien. Fasst man ferner einen beliebigen Entscheidungsknoten des Spiels als Wurzelknoten eines Teilspiels auf, das nur noch Verästelungen enthält, die aus der nunmehrigen Wurzel treiben, und konstruiert man für dieses Teilspiel eine strategische Konstellation $\hat{s}$, die für sämtliche Entscheidungsknoten, die keine Zufallsknoten sind, mit den strategischen Vorgaben in s^* übereinstimmt, so ist $\hat{s}$ ein Nash-Gleichgewicht des Teilspiels. **q.u.e.d.**

4.2 Information und Verhalten

In Giraudoux's *Amphitryon 38* [45] wird Alkmene von der Absicht des Göttervaters Zeus in Kenntnis gesetzt, an Amphitryons statt und als sein täuschend echt vermummter Doppelgänger ihr Schlafgemach zu betreten. Alkmene, deren Treue zu Amphitryon auf dem Spiel steht, ist nun der Meinung, dass ein falscher Amphitryon in Ausübung erschlichener ehelicher Rechte letzten Endes eine falsche Alkmene verdienen würde.

Als angehende Spieltheoretiker dürfen wir den aufgenommenen strategischen Faden weiterspinnen. Was würde wohl passieren, wenn ein überraschend als Erster heimkehrender, echter Gatte das sorgsam abgedunkelte Ehegemach mit einer falschen Alkmene teilen würde? Sollte andererseits ein schlauer, aber nicht allwissender,

Zeus für den Fall, dass er als Erster in Theben auftaucht, und nachdem er seine Bettgenossin (vorerst nur im biblischen Sinne) erkannt hat, sich selbst zu erkennen geben? Oder vielmehr, wie es Kavaliere dem Vernehmen nach halten, einfach genießen und schweigen?

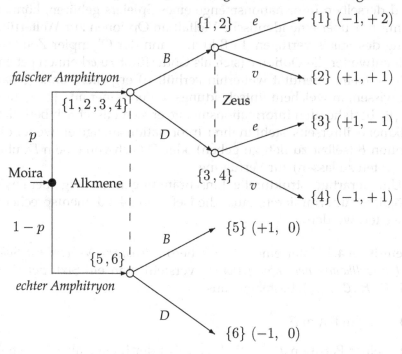

Bild 4.3: Alkmene, Zeus und die unvollkomene Information

Eine derartige strategische Konfliktsituation kann wohl mit den Mitteln eines extensiven Spiels mit vollkommener Information nur unzureichend beschrieben werden. Moira, als Schicksalsgöttin die mythologische Entsprechung der Spielerin Natur, entscheidet im Wurzelknoten des Bildes 4.3 mit Wahrscheinlichkeit $0 < p < 1$, ob der falsche Amphitryon (Zeus) als Erster Alkmenes Schlafgemach betritt. Das Ergebnis dieses Zufallszuges bleibt jedoch Alkmenen verborgen; sie kann beim besten Willen nicht feststellen, ob das

Spiel im Knoten $\{1,2,3,4\}$ oder in $\{5,6\}$ seine Fortsetzung findet. Aus diesem Grunde sind diese beiden Knoten in Bild 4.3 durch eine strichlierte Linie verbunden und bilden gemeinsam die sogenannte *Informationsmenge* Alkmenes. Alle Entscheidungsknoten, die zu ein und derselben Informationsmenge eines Spielers gehören, können somit nur über eine identische Vielfalt an Optionen zur Weiterführung des Spiels verfügen. In Bild 4.3 kann der Olympier Zeus somit entweder die Option e (sich als Götterfürst zu *e*rkennen geben) oder v (seine Identität weiterhin *v*erhüllen) ergreifen, ohne genau zu wissen, in welchem Entscheidungsknoten seiner aus $\{1,2\}$ und $\{5,6\}$ bestehenden Informationsmenge er sich tatsächlich befindet. Alkmene, ihrerseits, steht in ihrer Informationsmenge entweder die Option B (selbst zu *B*ett zu gehen) oder D (sich von einem *D*ouble vertreten zu lassen) zur Verfügung.

Um derartige strukturelle Einschränkungen, so allgemein wie möglich, zu formulieren, muss die Definition 4.2 dementsprechend erweitert werden.

Definition 4.4 Unter einem (endlichen) *extensiven N-Personen Spiel mit unvollkommener Information* $\mathcal{G}$ versteht man ein Sixtupel $\mathcal{G} = (\mathcal{B}, \mathcal{P}, \mathcal{H}, \mathcal{C}, p, w)$, bestehend aus

∗) einem Baum $\mathcal{B}$,

∗) einer Partition $\mathcal{P} = (\mathcal{P}_0, \mathcal{P}_1, \dots \mathcal{P}_N)$ der Menge aller Entscheidungsknoten $\mathcal{N} \setminus \{\{i\}\}_{i \in \mathcal{A}}$ in Knoten, die jeweils dem i-ten Spieler (Spieler 0 ist die Natur) zur Verfügung stehen,

∗) einer Mengenfamilie $\mathcal{Z} = (\mathcal{Z}_1, \dots \mathcal{Z}_N)$, die jeweils für jeden Spieler i eine als Menge seiner Zugalternativen (Optionen) $\mathcal{Z}_i$ bezeichnete Partition von $V^{-1}(\mathcal{P}_i)$ enthält, welche für je zwei verschiedene Elemente $z_i, z_i' \in \mathcal{Z}_i$ der Bedingung

$$V(z_i) \cap V(z_i') \neq \emptyset \Rightarrow V(z_i) = V(z_i') \tag{4.8}$$

genügt,

*) einer Mengenfamilie $\mathcal{H} = (\mathcal{H}_1, \ldots \mathcal{H}_N)$, die jeweils für jeden Spieler i eine durch $\mathcal{H}_i := \{V(z_i) \mid z_i \in \mathcal{Z}_i\}$ definierte Partition der Menge seiner Entscheidungsknoten $\mathcal{P}_i$ enthält, wobei die durch jedes verschiedene $h_i \in \mathcal{H}_i$ definierte Menge von Entscheidungsknoten als *Informationsmenge*[4] des Spielers i bezeichnet wird,

*) einer auf $V^{-1}(\mathcal{P}_0)$ definierten, positiven reellwertigen Funktion p, die jedem Knoten, dessen unmittelbarer Vorgängerknoten ein Entscheidungsknoten der Natur ist, eine Wahrscheinlichkeit, mit der er erreicht wird, zuordnet, wobei: $\sum_{y \in V^{-1}(x)} p(y) = 1$ für alle $x \in \mathcal{P}_0$,

*) einer Abbildung $w : \mathcal{A} \to \mathbb{R}^N$, die jeder Partie $a \in \mathcal{A}$ das N-Tupel $(w_1(a), \ldots, w_N(a))$ von Auszahlungswerten $w_i(a)$ der Spieler $i = 1, \ldots N$ zuordnet.

Das in Bild 4.3 verzeichnete Spiel mit unvollkommener Information soll zur Illustration der zusätzlichen Strukturen in Definition 4.2 herangezogen werden.

Im Wurzelknoten entscheidet der Zufall über die Fortsetzung des Spiels. Danach ist Alkmene am Zug, die jedoch den Ausgang des Zufallszuges nicht beobachten kann. Alkmene stehen nur folgende Zugalternativen zur Verfügung; die erste Option erlaubt es ihr entweder den Entscheidungsknoten $\{1, 2\}$ oder den Endknoten $\{5\}$ zu erreichen. Die zweite stellt ihr den Entscheidungsknoten $\{3, 4\}$ oder den Endknoten $\{6\}$ in Aussicht. Wir können somit die Menge der Zugalternativen Alkmenes folgendermaßen anschreiben:

$$\mathcal{Z}_1 = \left\{ z_{11} = \{\{1, 2\}, \{5\}\}, z_{12} = \{\{3, 4\}, \{6\}\} \right\}. \tag{4.9}$$

---

[4] aus seiner Sicht sind sämtliche Spielentwicklungen, die zu den Entscheidungsknoten in h_i führen, nicht unterscheidbar.

Da $V(z_{11}) = V(z_{12}) = \{\{1,2,3,4\},\{5,6\}\}$ genügt $\mathcal{Z}_1$ der Bedingung (4.8) und man erhält $h_1 = \{\{1,2,3,4\},\{5,6\}\}$ als einzige Informationsmenge Alkmenes. Für Zeus ist dementsprechend die Menge der Zugalternativen durch

$$\mathcal{Z}_2 = \{z_{21} = \{\{1\},\{3\}\}, z_{22} = \{\{2\},\{4\}\}\} \qquad (4.10)$$

und seine einzige Informationsmenge durch $h_2 = \{\{1,2\},\{3,4\}\}$ gegeben.

In extensiven Spielen mit unvollkommener Information können reine Strategien wie folgt beschrieben werden.

Definition 4.5 *Unter einer reinen Strategie des i-ten Spielers in einem extensiven Spiel mit unvollkommener Information versteht man eine Abbildung $s_i : \mathcal{H}_i \rightarrow \mathcal{Z}_i$, die jeder Informationsmenge $h_i \in \mathcal{H}_i$ eine Zugalternative $s_i(h_i) \in V^{-1}(h_i) \subseteq \mathcal{Z}_i$ zuordnet.*

Falls die Anzahl der Informationsmengen des j-ten Spielers durch $|\mathcal{H}_j| = m_j$ gegeben ist, $h_{j1},\ldots,h_{jm_j}$ eine vollständige Anordnung der Elemente von $\mathcal{H}_j$ bezeichnet und jeder Knoten aus h_{ji} durch einen Pfeil, der die Markierung s_{ji} aufweist, mit jeweils (einem Knoten) einer Zugalternative aus $V^{-1}(h_{ji})$ verbunden ist, so kann jede reine Strategie s_j des Spielers j auch als ein m_j-Tupel $(s_{j1},\ldots,s_{jm_j})$ angeschrieben werden.

Mit S_j wird sowohl die Menge aller reinen Strategien des j-ten Spielers als auch die Menge der zugehörigen m_j-Tupel bezeichnet. Sie besteht aus $\prod_{i=1}^{m_j} |V^{-1}(h_{ji})|$ verschiedenen Elementen. Es sei nun im extensiven Spiel mit unvollkommener Information eine strategische Konstellation $s = (s_1,\ldots,s_N)$ gegeben, die jedem Spieler $j \in \{1,\ldots,N\}$ die reine Strategie $s_j \in S_j$ zuordnet. Definiert man nunmehr durch

$$
\tilde{\pi}(x \mid s) = \begin{cases} 1, & \text{für } x = \mathcal{A} \\ p(x)\tilde{\pi}(y \mid s), & \text{für } x \in V^{-1}(y) \text{ und } y \in \mathcal{P}_0 \\ \tilde{\pi}(y \mid s), & \text{für } x \in V^{-1}(y), \ y \in h_{ji} \text{ und } x \in s_j(h_{ji}) \\ 0, & \text{für } x \in V^{-1}(y), \ y \in h_{ji} \text{ und } x \notin s_j(h_{ji}) \end{cases}
$$

$$(4.11)$$

die bedingte Wahrscheinlichkeit $\tilde{\pi}(x \mid s)$ für das Erreichen des Knotens x im zugrunde liegenden extensiven Spiel unter der Annahme, dass sich sämtliche Spieler der in s angegebenen reinen Strategien bedienen, so lässt sich der Auszahlungswert für den j-ten Spieler als

$$
u_j(s) := \sum_{i \in \mathcal{A}} \tilde{\pi}(\{i\} \mid s)w_j(i) \tag{4.12}
$$

anschreiben. Anhand des in Bild 4.3 dargestellten Spiels soll nun die Berechnung der Auszahlungswerte für Zeus und Alkmene für den Fall vorgenommen werden, dass Akmene sich in der Hochzeitsnacht von einem Double vertreten lässt (Strategie $s_{11} = D$) und Zeus sich letztlich mit Blitz und Donner zu erkennen gibt (Strategie $s_{21} = e$).

Aus Moiras Zufallszug berechnet man

$$
\pi(\{1,2,3,4\} \mid s = (D,e)) = p,
$$
$$
\pi(\{5,6\} \mid s = (D,e)) = 1 - p.
$$

Alkmenes strategische Entscheidung in ihrer Informationsmenge führt zu

$$
\pi(\{1,2\} \mid s = (D,e)) = 0,
$$
$$
\pi(\{3,4\} \mid s = (D,e)) = p,
$$
$$
\pi(\{5\} \mid s = (D,e)) = 0,
$$
$$
\pi(\{6\} \mid s = (D,e)) = 1 - p.
$$

Danach ist Zeus am Zug und man erhält

$$\pi(\{i\} \mid s = (D,e)) = 0, \text{ für } i = 1,2,4,$$
$$\pi(\{3\} \mid s = (D,e)) = p.$$

Alkmenes Auszahlungswert beträgt nun

$$u_1(s = (D,e)) = (+1) \times p + (-1) \times (1-p) = 2p - 1.$$

Für Zeus erhält man

$$u_2(s = (D,e)) = (-1) \times p + (0) \times (1-p) = -p.$$

Nach Berechnung der Auszahlungswerte für alle strategischen Konstellationen lässt sich die Normalform des extensiven Spieles als Bimatrix der Zeilenspielerin Alkmene und des Spaltengottes Zeus darstellen:

	e	v	
B	$1 - 2p \; , \quad 2p$	$1, p$	(4.13)
D	$2p - 1 \; , \; -p$	$-1, p$	

Für die einfach strukturierte Normalform (4.13) können durch das Bestimmen der besten Antworten beider Spieler auf die Strategien des jeweiligen Gegners folgende Nash-Gleichgewichte in gemischten Strategien abgeleitet werden:

$p = \frac{1}{2}$	$s^\star = [(\lambda, 1-\lambda),(1,0)]; \; \frac{2}{3} \leq \lambda \leq 1$	
$0 < p < \frac{1}{2}$	$s^\star = [(1,0),(1,0)]$	(4.14)
$1 > p > \frac{1}{2}$	$s^\star = [(\frac{2}{3},\frac{1}{3}),(\frac{1}{2p},\frac{2p-1}{2p})]$	

Anhand des Spielbaumes in Bild 4.3 ist es offensichtlich, dass in extensiven Spielen mit unvollkommener Information die im Beweis des Satzes 4.1 angeführte Methode der Rückwärtsrechnung nicht angewendet werden kann. Der Grund hierfür liegt klar auf der Hand. Erreicht das Verfahren erstmals die Informationsmenge eines Spielers, die aus mehr als einem Knoten besteht, so existiert wohl zu jedem dieser Entscheidungsknoten ein unmittelbarer Nachfolger-Endknoten mit maximaler Auszahlung; da jedoch der Entscheider keine Information darüber besitzt, in welchem seiner Entscheidungsknoten er sich tatsächlich befindet, kann er (bis auf triviale Ausnahmen) unter den ihm zur Verfügung stehenden Zugalternativen keine eindeutige Auswahl treffen.

Sind wir somit für das Spiel mit unvollkommener Information tasächlich darauf angewiesen, im zugehörigen Normalform-Spiel $(S_1, \ldots, S_N ; u_1, \ldots, u_N)$,[5] Gleichgewichte in gemischten Strategien aufzustöbern, die keine unmittelbar einsichtigen Verhaltensmuster im extensiven Spiel aufweisen?

Kuhn [69] zeigt eine andere Möglichkeit auf. Es sei h_i eine Informationsmenge des Spielers i, $V^{-1}(h_i)$ die Menge der Zugalternativen, die ihm in h_i zur Verfügung stehen und $\Pi[V^{-1}(h_i)]$ die Menge aller Wahrscheinlichkeitsverteilungen $\hat{p}$ über $V^{-1}(h_i)$. Besteht nun $V^{-1}(h_i)$ aus n_i Zugalternativen z_{ij}, so gilt für jedes $\hat{p} \in \Pi[V^{-1}(h_i)]$: $\hat{p}(z_{ij}) \geq 0$; $j = 1, \ldots n_i$ und $\sum_{j=1}^{n_i} \hat{p}(z_{ij}) = 1$.

Definition 4.6 *Unter einer Verhaltensstrategie des i-ten Spielers in einem Spiel mit unvollkommener Information versteht man eine Abbildung $s_i^v : \mathcal{H}_i \to \bigcup_{h_i \in \mathcal{H}_i} \Pi[V^{-1}(h_i)]$, die jeder Informationsmenge $h_i \in \mathcal{H}_i$ eine Wahrscheinlichkeitsverteilung $s_i^v(h_i)$ über sämtliche Zugalternativen in $V^{-1}(h_i)$ zuordnet.*

---

[5] S_j bezeichnet dabei die Menge der reinen Strategien des j-ten Spielers und $u_j(s)$ dessen Auszahlungswert gemäß (4.12).

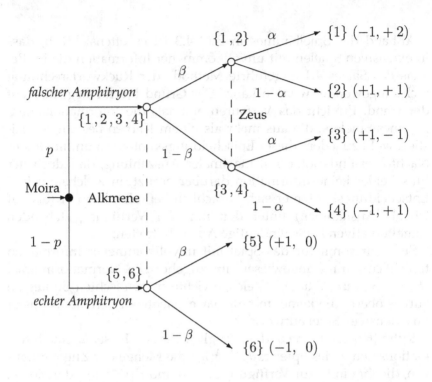

Bild 4.4: Verhaltensstrategien im Zeus-Alkmene Spiel

In Bild 4.4 kann eine Verhaltensstrategie für Alkmene wie folgt beschrieben werden: mit Wahrscheinlichkeit β wählt Alkmene in ihrer Informationsmenge $\{\{1,2,3,4\},\{5,6\}\}$ die Zugalternative $\{\{1,2\},\{5\}\}$; mit der Umkehrwahrscheinlichkeit $1-\beta$ wird die andere Zugalternative $\{\{3,4\},\{6\}\}$ verwirklicht. Für Zeus heißt es in $\{\{1,2\},\{3,4\}\}$ dementsprechend, sich mit Wahrscheinlichkeit α für die Option $\{\{1\},\{3\}\}$ und mit Wahrscheinlichkeit $1-\alpha$ für $\{\{2\},\{4\}\}\}$ zu entscheiden.

Im Zeus-Alkmene Spiel sind wir wohl in der glücklichen Lage, die Verhaltensstrategien $(\beta, 1-\beta)$ sowie $(\alpha, 1-\alpha)$ unmittelbar als gemischte Strategien des Bimatrixspiels (4.13) interpretieren zu können.

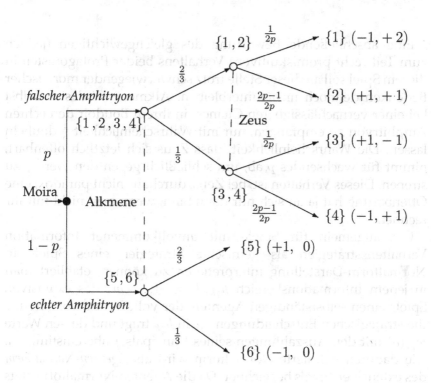

Bild 4.5: Gleichgewicht in Verhaltensstrategien für $p > \frac{1}{2}$

Daher können die Nash-Gleichgewichte aus folgender Tabelle

$p = \frac{1}{2}$	$s^\star = [(\lambda, 1 - \lambda), (1, 0)]; \ \frac{2}{3} \leq \lambda \leq 1$
$0 < p < \frac{1}{2}$	$s^\star = [(1, 0), (1, 0)]$
$1 > p > \frac{1}{2}$	$s^\star = [(\frac{2}{3}, \frac{1}{3}), (\frac{1}{2p}, \frac{2p-1}{2p})]$

nunmehr als *Nash-Gleichgewichte in Verhaltensstrategien* des Spiels in Bild 4.4 bezeichnet werden.

Eine abschließende Bewertung des gleichgewichtigen (jedoch zum Teil recht promiskuitiven) Verhaltens beider Protagonisten in diesem Spiel soll an dieser Stelle trotz schwerwiegender moralischer Bedenken dennoch nicht unterbleiben. Alkmene wird sich selbst bei einer vernachlässigbaren Chance, in ihrem Boudoir den echten Amphitryon zu empfangen, nur mit Wahrscheinlichkeit $\frac{1}{3}$ doubeln lassen. Die Wahrscheinlichkeit, dass Zeus sich letztlich offenbart, nimmt für wachsendes p ab, um schließlich gegen den Wert $\frac{1}{2}$ zu streben. Dieses Verhalten ist, bei Zeus, durchaus nicht paradox; eine Offenbarung hat ja an sich nur dann Sinn, wenn man nicht mit ihr rechnet.

Um allgemein für Spiele mit unvollkommener Information Verhaltensstrategien als gemischte Strategien eines Spiels in Normalform-Darstellung interpretieren zu können, etabliert man in jedem Informationsbereich h_{jk}; $k = 1, \ldots, m_j$ des extensiven Spiels einen selbstständigen Agenten, der volle Verantwortung für die strategischen Entscheidungen s_{jk} in h_{jk} trägt und dessen Werte $w_{jk}(a)$ mit den Auszahlungen seines Prinzipals j übereinstimmen. Die dadurch definierte Normalform wird als *Agenten-Normalform* des extensiven Spiels bezeichnet. Da die Agenten-Normalform stets über ein Nash-Gleichgewicht in gemischten Strategien verfügt, kann grundsätzlich in jedem extensiven Spiel mit unvollkommener Information ein Nash-Gleichgewicht in Verhaltensstrategien angegeben werden.

4.3 Der seltsame Fall des Lord Strange

He said, "giue me my battell axe in my hand,
sett the crowne of England on my head soe hye!
ffor by him that shope both sea and Land,
King of England this day I will dye!"

Ballad of Bosworth Field

Aus unruhigem Schlaf war er im Morgengrauen aufgeschreckt. Fröstelnd trat der letzte Plantagenet vor das königliche Kriegszelt und blickte sorgenvoll feindwärts. Der Haufen der Rebellen lagerte in verstörter Halbordnung südwestlich des Sumpfes. Im geziemenden Respektabstand von Tudors rechter Flanke harrten die Heere der Stanleys der kommenden Dinge. Richard betastete abwesend seinen nicht vorhandenen Buckel und legte die Stirn in kummervolle Falten.

Konnte er dem Geschlecht der Stanleys, dieser mit Pfründen und Ehren überhäuften Stütze seines Reiches, letztlich doch vertrauen? Williams Verrat schien festzustehen. Kam auch seine Ächtung zu spät, so würden seine 3.000 Mann Richards Sache wohl kaum gefährden. Ganz anders stand die Sache mit Lord Stanley, dem Reichsstallgrafen. Wer auf seine Unterstützung zählen konnte, dem gehörte zweifelsfrei der Tag.

Richard spielte seinen letzten Trumpf aus. Noch ehe die Stunde verstrich, schickte er seinen Boten zu Lord Stanley. Die Botschaft war klar und unmissverständlich. Sollte er sich nun weigern, dem König beizustehen, so würde Lord Strange, des Königs Geisel und des Stanley Sohn, sein Haupt verlieren.

In Bild 4.6 sind den drei möglichen Partien jeweils die Werte der Auszahlungen für beide Spieler zugeordnet. Stanley zieht es vor, den Beistand zu verweigern, falls er von Richard annehmen kann, dass der seine Drohung nicht wahrmachen wird. Deswegen wird dieser Spielausgang aus Stanleys Sicht mit dem Auszahlungswert 0 ausgestattet. Für Richard ist dies mit 0 nur der zweitbeste Ausgang. Stanleys Beistand wäre ihm weitaus lieber und er würde dies mit einem Auszahlungswert von 5 bewerten. Für Stanley hätte ein erzwungener Beistand den Wert −3. Beide Spieler bewerten schließlich die Hinrichtung der Geisel als den schlechtesten Spielausgang; Richards Auszahlungswert beträgt hier −10 und Stanleys Wert ist auf −5 herabgesunken.

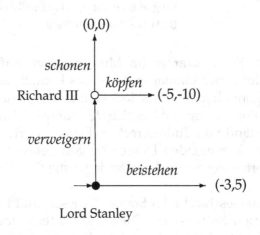

Bild 4.6: Das Spiel um Richards letzten Trumpf

Würde des Königs Drohung auf fruchtbarem Boden fallen? Ein kurzer Blick auf die in Bild 4.7 abgebildete Normalformdarstellung des Spielbaumes (Bild 4.6) lässt uns Übles erahnen.

Zwei Nash-Gleichgewichte in reinen Strategien lassen sich im Geviert der Bimatrix einkreisen. Im ersten dieser Gleichgewichte gibt Lord Stanley der Drohung Richards nach[6] und entscheidet sich ihm beizustehen. Das zweite Gleichgewicht beschreibt einen den Beistand verweigernden Stanley und einen König, der es daraufhin nicht wagt, seine Drohung wahrzumachen.

---

[6] In Bild 4.8 werden zusätzliche Nash-Gleichgewichte in gemischten Strategien beschrieben. Richard droht in diesen Gleichgewichten an, die Geisel mit Wahrscheinlichkeit $3/5 \leq q < 1$ zu enthaupten, falls Stanley ihm nicht beistehen sollte.

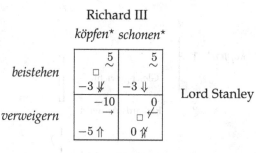

Bild 4.7: Richards letzter Trumpf – die zugehörige Normalform

~ ... Richard ist indifferent
□ ... Nash-Gleichgewicht
* ... bei Verweigerung

Wie sind diese beiden Gleichgewichtslösungen zu bewerten? Das erste der Nash-Gleichgewichte wird nur durch eine leere Drohung aufrechterhalten und sollte somit als Lösung ausscheiden.[7] Ein Blick zurück zum Spielbaum in Bild 4.6 lässt uns die Vorgangsweise hierfür erkennen: das Verfahren der Rückwärtsrechnung.

Wir betrachten vorerst das Teilspiel dessen Wurzelknoten mit Richards einzigem Entscheidungsknoten übereinstimmt. Vor die Wahl gestellt seine Drohung zu verwirklichen, bleibt Richard nur die andere Option übrig: Strange zu schonen.

Da somit die leere Drohung als eine strikt dominierte Aktion des Teilspielbaumes ausgeschieden werden kann, wird Lord Stanley im Wurzelknoten des Hauptspieles jeden Beistand verweigern. Das resultierende Gleichgewicht *(Beistand verweigern, Strange schonen)* erfüllt als einziges die Eigenschaft der Teilspielperfektheit.[8]

---

[7] gemeinsam mit den anderen Gleichgewichten aus Bild 4.8, die ebenso wenig glaubhaft sind.

[8] Ein teilspielperfektes Gleichgewicht empfiehlt nur solche Aktionspläne, die in jedem beliebigen Teilspiel des ursprünglichen Spiels (auch in solchen, die im zugehörigen Spielverlauf unerreicht bleiben) ein Gleichgewicht bilden. Diese erste Verfeinerung des Nash-Gleichgewichtes verdanken wir Selten [110].

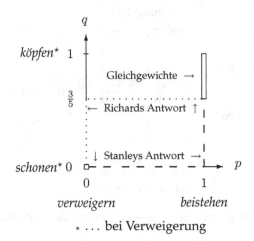

Bild 4.8: Richards letzter Trumpf – Nash-Gleichgewichte

Ein teilspielperfektes Gleichgewicht existiert in jedem endlichen Spielbaum mit vollkommener Information. Für den Fall, dass kein Spieler zwischen zwei verschiedenen Spielausgängen indifferent ist, kann sogar die Eindeutigkeit des teilspielperfekten Gleichgewichtes gezeigt werden. In der zugehörigen (reduzierten) Normalform wird ein derartiges Gleichgewicht keine schwach dominierte Strategie[9] enthalten.

Stanleys Antwort an Richard war kurz und verächtlich: „Ich habe noch weitere Söhne!"

Mit vermutlich gemischten Gefühlen machte sich der Überbringer einer schlechten Nachricht auf den Rückweg. Wir wollen nunmehr für einen kurzen Augenblick den tatsächlichen Geschehnissen eine andere, spieltheoretisch motivierte, Wende geben. Auf seinem tollkühnen Ritt über die Redmore-Ebene[10] möge Bote nebst Botschaft in einen Hinterhalt bretonischer Marodeure geraten. Dieser konstruierte Zwischenfall hat äußerst interessante Konsequenzen für das Spiel um Richards letzten Trumpf.

---

[9] in Bild 4.7 wäre dies *Strange köpfen, falls Stanley den Beistand verweigert.*

[10] Unter diesem Namen war das Schlachtfeld bei Bosworth ursprünglich bekannt.

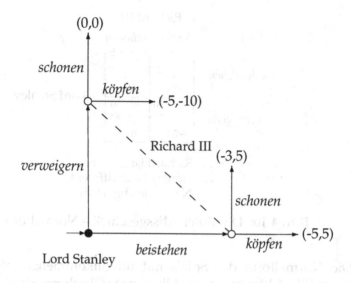

Bild 4.9: Des Boten Missgeschick

Richard hat den ersten Zug seines Gegenspielers nicht wahrgenommen. Seine Informationsmenge besteht nunmehr aus den zwei Entscheidungsknoten, die in Bild 4.9 durch eine strichlierte Linie verbunden sind.

Wir erinnern daran, dass alle Knoten, die derselben Informationsmenge eines Spielers angehören, über die gleiche Anzahl und Art weiterführender Zugalternativen verfügen müssen.[11] Die Spielausgänge jedoch, die durch das Verwenden identischer Strategien in verschiedenen Knoten einer Informationsmenge entstehen, können durchaus unterschiedlich bewertet werden. So wirkt sich in Bild 4.9 das Köpfen Stranges nur dann für Richard nachteilig aus, falls Lord Stanley den Beistand verweigert (und Richard diese Nachricht auch erfahren würde).[12]

---

[11] In unserem Beispiel sind dies die Aktivitäten *Strange schonen* und *Strange köpfen*.

[12] Nur in diesem Fall hat Stanley die Option sich auf Tudors Seite zu schlagen; hat Stanley sich hingegen dafür entschieden, Richard beizustehen, so (dies nehmen wir zumindest an) ist ein Seitenwechsel ausgeschlossen.

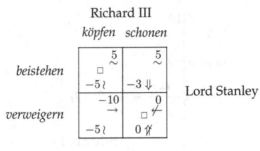

~ ... Richard ist indifferent
? ... Stanley ist indifferent
□ ... Nash-Gleichgewicht

Bild 4.10: Des Boten Missgeschick – Normalform

Die Normalform des Spiels mit unvollkommener Information weist in Bild 4.10 zwei uns wohlbekannte Gleichgewichte[13] auf. Das erste Gleichgewicht besteht zur Gänze aus schwach dominierten Strategien. Es mittels Rückwärtsrechnung auszuschließen, wird uns jedoch kaum gelingen. Der Spielbaum in Bild 4.9 besitzt nämlich keinen anderen Teilspielbaum[14] als sich selbst. Dies bedeutet somit, dass beide Gleichgewichte teilspielperfekt sind.

Der einzige Ausweg, der sich uns aus dieser Misere anbietet, besteht aus einer weiteren Verfeinerung der Gleichgewichtseigenschaft. Von den uns zur Verfügung stehenden Möglichkeiten, soll vorerst die aus historischer Sicht älteste ins Spiel gebracht werden.

In [111] untersucht Selten die Robustheit eines Gleichgewichtes bezüglich möglicher Fehler, die den Spielern bei der Auswahl ihrer Aktionen unterlaufen können. Es handelt sich dabei um keine Denkfehler; wir denken eher an einen Spieler, der mit zitternder Hand den Aufzugsknopf, den er eigentlich drücken wollte, verfehlt und im falschen Stockwerk landet.

---

[13] und keine weiteren, was auf einen nicht generischen Fall hinweist.

[14] Man beachte, dass ein Entscheidungsknoten nur dann Wurzelknoten eines eigentlichen Teilspielbaumes sein darf, wenn die Informationsmenge des am Zug befindlichen Spielers keinen weiteren Knoten als Element enthält.

Jedes Gleichgewicht, das über diese Robustheitseigenschaft[15] verfügt, müßte aus besten Antworten auf fehlerhaftete Aktionspläne bestehen, die – gelingt es, das Zittern schrittweise bis zum völligen Verschwinden zu unterdrücken – ihrerseits gegen die strategischen Komponenten des Gleichgewichtes konvergieren.

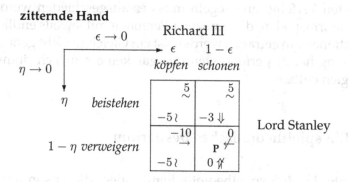

P ... perfektes Gleichgewicht

Bild 4.11: Das (trembling-hand) perfekte Gleichgewicht

Möge Richard bereit sein, Strange allenfalls zu schonen; Stanley sei hingegen fest entschlossen, den Beistand zu verweigern. Es ist bereits bekannt, dass jede dieser beiden Strategien die andere am besten beantwortet. Doch was wird passieren, wenn dem jeweiligen Gegner ein Zittern unterläuft?

Stanleys leichter Tremor führt seine Truppen mit der niedrigen Wahrscheinlichkeit η auf Richards Seite. Die beste Antwort auf diese vollständig gemischte Strategie ist jedoch für jedes $\eta < 1$ die gleiche: *Strange schonen.* Wenn andererseits Richards königliche Hand bebt, wird Stanleys Kopf mit der eher gering anzusetzenden Wahrscheinlichkeit ϵ von seinen Schultern rollen. Stanley bleibt jedoch für $\epsilon < 1$ unerschütterlich bei seiner Weigerung Richard beizustehen.

---

[15] die nach Selten als *Perfektheit,* oder, um sie nicht mit der Teilspielperfektheit zu verwechseln, auch als *Perfektheit der zitternden Hand (trembling-hand* Perfektheit) bezeichnet wird.

Gegen das Paar dieser besten Antworten konvergiert überdies zumindest eine Folge von Paaren vollständig gemischter Zitterstrategien, falls das Zittern zur Gänze verschwindet.[16] In Bild 4.11 lässt sich somit ein eindeutiges (trembling-hand) perfektes Nash-Gleichgewicht identifizieren. Was ist aus dem anderen Nash-Gleichgewicht aus Bild 4.10 geworden? Gemäß den von uns verwendeten Verfeinerungsregeln muss es ausgeschieden werden. In Normalformspielen, die von zwei Personen mit jeweils endlich vielen Aktionen ausgetragen werden, ist ein Gleichgewicht genau dann (trembling-hand) perfekt, wenn es gar keine schwach dominierte Strategien enthält.

4.4 Ein spieltheoretisches Bestiarium

Die erste der drei spieltheoretischen Bestien, die uns in der Folge beschäftigen werden, scheint ihrem Aussehen nach der britischen TV-Serie[17] *Dr. Who* entsprungen zu sein. Der Spielbaum[18] in Bild 4.12 hat mit den tatsächlichen Dalekgestalten – gnadenlose Roboter, die auf Welteroberung erpicht sind – bis auf das seitliche Profil recht wenig zu tun.

Dalek1 entscheidet im Wurzelknoten des Spiels, ob das Spiel gleich beendet wird (Zug **g**) oder seine Fortsetzung findet (Zug **u**). Zieht er nach unten, so darf er auch den nächsten Zug machen und entweder nach links (Zug **l**) oder nach rechts (Zug **r**) ziehen. Erst dann kommt der unvollkommen informierte Dalek2 zu seinem Zug.

Die (reinen) Normalformstrategien fixieren die Züge, deren sich ein Dalek in seinen (in zeitlicher Reihenfolge geordneten) Informationsmengen bedienen soll. In Bild 4.13 ist die vollständige sowie die reduzierte Normalform des Dalek-Spielbaumes angeschrieben.

---

[16] Man wähle z.B. $\eta = 2\epsilon$ um dies zu gewährleisten und lasse sodann ϵ gegen 0 streben.

[17] deren Titelheld in *Dr. Who and the Daleks* (1965) und *Daleks – Invasion Earth 2150 A.D.* (1966) meisterlich von Peter Cushing dargestellt wurde.

[18] Sein spieltheoretischer Schöpfer ist Kohlberg [64]; der Taufpate Binmore [10].

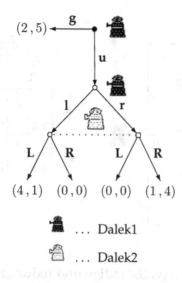

$(2,5) \xleftarrow{\quad \mathbf{g} \quad} \bullet$

u

l / r

L / R   L / R

$(4,1) \quad (0,0) \quad (0,0) \quad (1,4)$

🖤 ... Dalek1

🏺 ... Dalek2

Bild 4.12: Kohlbergs Dalek

Obwohl Dalek1 nach Ausführen des Zuges **g** an sich nicht mehr zum Zuge kommt, verlangt der Aktionsplan, den wir gemeinhin mit einer Strategie verbinden, dass wir auch seine Aktion in dem für ihn nicht erreichbaren zweiten Entscheidungsknoten festhalten. Da jedoch sowohl **gl** als auch **gr** über die gleichen Auszahlungswerte (aus der Sicht beider Spieler) verfügen, und die Strategie **ur** strikt dominiert wird, scheint die reduzierte Normalform zur Durchführung einer Gleichgewichtsanalyse vollauf zu genügen.

Folgende Nash-Gleichgewichte in reinen Strategien lassen sich nachweisen: (**gl** , **R**), (**gr** , **R**) und (**ul** , **L**). Von diesen sind nur die letzten beiden (trembling-hand) perfekt (und somit automatisch auch teilspielperfekt). Die strategische Konstellation (**gl** , **R**) kann ja gar nicht teilspielperfekt sein, da (**l** , **R**) kein Gleichgewicht des Spieles ist, das im zweiten Entscheidungsknoten von Dalek1 startet.

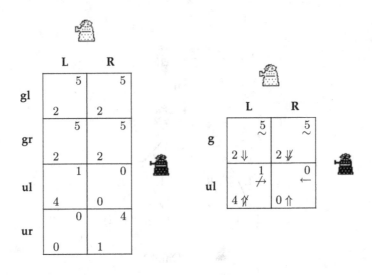

Bild 4.13: Daleks (vollständige und reduzierte) Normalform

Man beachte, dass das Zittern im Dalek-Spiel seine Eigenheiten hat. Die Missgriffe, die Dalek1 in den zwei Informationsmengen unterlaufen, in denen er am Zug ist, müssen unkorreliert sein. Um dies mathematisch adäquat zu formulieren, müsste Dalek1 in jeder ihm zuzuordnenden Informationsmenge durch einen Agenten vertreten werden. Die daraus resultierende Agenten-Normalform des Spiels erlaubt nunmehr ein korrektes Zittern, das für (**gr**, **R**) auf folgende Weise modelliert werden kann.

Der erste Agent möge mit der niedrigen Wahrscheinlichkeit ϵ den Zug **g** verfehlen und somit **u** spielen. Wurde **u** ausgespielt so ist Agent2 am Zug und verfehlt mit der niedrigen Wahrscheinlichkeit δ den Zug **r**. Schlussendlich zittert Dalek2 ein wenig und verfehlt mit der niedrigen Wahrscheinlichkeit η den Zug **R**.

In Bild 4.14 verfügen beide Agenten über die Auszahlungswerte[19] ihres Patrons Dalek1. Für hinreichend kleine Wahrscheinlichkeiten

---

[19] jeweils die Werte links unten und in der Mitte jeder Matrixzelle.

eines Missgriffs (wie z.B. $\eta < 1/5$ und $\delta < 4/5$), die sodann zum Verschwinden[20] gebracht werden, bilden die Strategien **g** und **r** für die beiden Agenten sowie **R** für Dalek2 ein (trembling-hand) perfektes Gleichgewicht der Agentennormalform.

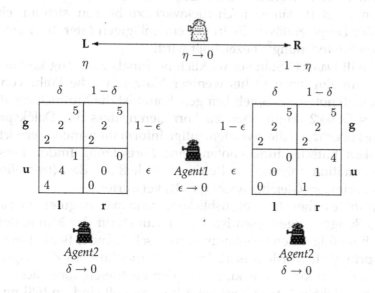

Bild 4.14: Vom kleinen Dalekzittern in der Agenten-Normalform

Selbstverständlich kommt bei dieser Spielweise der zweite Agent gar nicht zum Zug. Die gleichgewichtige Wahl **r** kann jedoch auch als Mutmaßung des Spielers Dalek2 interpretiert[21] werden, dass das

---

[20] Es genügt wiederum, eine Trippelfolge von Zitterstrategien zu definieren, die gegen das entsprechende Gleichgewicht konvergiert.

[21] Hiermit sprechen wir im Prinzip die zweite wesentliche Verfeinerung des Gleichgewichtkonzeptes an. In einem *sequenziellen Gleichgewicht* (und in seiner Vorstufe dem *perfekten bayesianischen Gleichgewicht*) werden für jeden Spieler Strategien und Mutmaßungen (*beliefs*) auf eine konsistente Weise verknüpft. Somit bewerten Mutmaßungen die Realisierung entsprechender strategischer Vorgeschichten und die Strategien fußen als beste Antworten auf Mutmaßungen über uneinsichtige gegnerische Züge.

Spiel, sollte es überhaupt die zweielementige Informationsmenge erreichen, eher im rechten Entscheidungsknoten seine Fortsetzung findet.

Kann jedoch diese Mutmaßung unter allen Gesichtspunkten aufrechterhalten werden? Dies ist zumindest dann zweifelhaft, wenn man, statt ständig nach rückwärts zu blicken, sich auf eine Sicht der Dinge einlässt, die in der einschlägigen Literatur zurecht als Vorwärtsrechnung[22] bezeichnet wird.

Was will Dalek1? Sollte er wirklich nochmals zum Zug kommen, würde ein Zug nach rechts weniger Nutzen als die Wahl von **g** im Wurzelknoten des Spiels bringen. Somit ist die Mutmaßung des Spielers Dalek2 dahingehen zu korrigieren, dass das Dalekspiel, wenn es überhaupt die zweielementige Informationsmenge erreicht, im linken Entscheidungsknoten seine Fortsetzung findet. Dieser Argumentation folgend, sollten wir schließlich das (trembling-hand) perfekte[23] Gleichgewicht (**gr** , **R**) verwerfen.

Man sollte daher stets vorausblicken, wenn man zu guter Letzt auf Mutmaßungen angewiesen ist. Dieser Kunstgriff der Mutmaßung ist auch im folgenden Spielbaum von entscheidender Bedeutung.

Ursprünglich wurde *Selten's horse*[24] als didaktisches Zirkuspferd [111] in die Arena geschickt, um zu demonstrieren, dass nicht alle teilspielperfekten Nash-Gleichgewichte sinnvoll sind. In [68] muss das Knochengerüst mit den Riesenfesseln ein mit eher formalen Hindernissen gespicktes Mächtigkeitsspringen bestehen. Nur eines der Gleichgewichte scheut vor der Hürde der sequenziellen Verfeinerungen nicht zurück. Ehe wir jedoch die Sprungrichterbewertung ausführlich begründen, soll eine etwas mythologisch angehauchte Interpretation[25] des Pferdespiels vorgenommen werden.

---

[22] In Sachen Vorwärtsrechnung verweisen auf Heines *Französische Zustände: Der heutige Tag ist ein Resultat des gestrigen. Was dieser gewollt hat, müssen wir erforschen, wenn wir zu wissen wünschen, was jener will.*

[23] In einem extensiven Spiel ist jedes (trembling-hand) perfekte Gleichgewicht auch sequentiel.

[24] Der Grund für die ursprüngliche Benennung war zweifellos die pferdeähnliche Gestalt des Spielbaumes in Bild 4.15.

[25] die, zugegebenermaßen, auf unserem Pferdemist gewachsen ist.

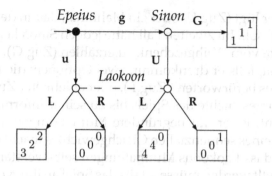

Bild 4.15: Seltens Pferd mit mythologischen Ausschmückungen

Im zehnten Jahr des Trojanischen Krieges schuf der Meister der Schreinerkunst und des Faustkampfes, der Achäer Epeius, ein gigantisches, hohles, hölzernes Pferd. Während der Heerhaufen Hals über Kopf (und nur zum Schein) die Belagerung aufgab und davonsegelte, schlüpften 50 auserlesene Krieger in das Innere des Pferdes und harrten der Dinge, die da kommen sollten. Ein Überläufer namens Sinon überbrachte den frohlockenden Trojanern die Kunde vom schmachvollen Abzug der Achäer. Das hölzerne Pferd hätten die Abziehenden als Weihgeschenk an die Göttin Pallas-Athene hinterlassen. Hinter die Befestigung Trojas gebracht, würde es die Stadt uneinnehmbar machen.

Nur Laokoon, dem Priester Apollos, kam Sinons Geschichte altgriechisch[26] vor. Behende zeichnete er den Spielbaum des Bildes 4.15 in den Sand. Aus seiner Sicht[27] stellt sich die Situation wie folgt dar. Falls Epeius das Pferd – einer göttlichen Eingebung folgend – als Weihgeschenk erschaffen hat (Zug **u**), dann spricht Sinon die Wahrheit. Handelt es sich hingegen um eine Auftragsarbeit (Epeius' Zug ist **g**), dann ist das Pferd entweder ein Danaergeschenk und

---

[26] Deswegen rief er (laut Vergil) auch laut und lateinisch aus: *Quidquid id est, timeo Danaos et dona ferentes.*

[27] Wir beschreiben das Spiel aus dem Blickpunkt Laokoons. Sowohl Epeius als auch Sinon ziehen somit nur in Laokoons Phantasie, befolgen dabei jedoch die spieltheoretischen Regeln.

der Überläufer lügt (Zug **U**) oder ein Mahnmal, das an den Krieg um Troja erinnern soll. Im zweiten Fall hätte jedoch Sinon keinen Grund die Geschichte vom Weihgeschenk zu erzählen (Zug **G**).

Laokoon hat, falls er drankommt, zwei Optionen: die Hereinnahme des Pferdes befürworten (Zug **L**), oder ablehnen (Zug **R**). Da er jedoch die Vorgeschichte des Spiels bis zu seiner Informationsmenge nicht kennt, ist er auf begründete Mutmaßungen angewiesen. Das Konzept eines sequenziellen Gleichgewichtes macht es überdies erforderlich, dass Laokoons Mutmaßungen selbstverständlich auch dann aufgestellt werden müssen, falls das Spiel an ihm vorüberläuft.

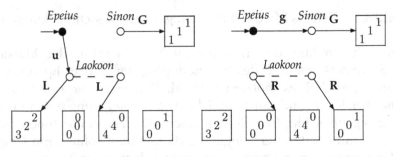

an der sequenziellen Hürde gescheitert   sequenzielle Hürde übersprungen

Bild 4.16: Das spieltheoretische Mächtigkeitsspringen

In Bild 4.16 haben wir die Ergebnisse des Mächtigkeitsspringens angeführt. Um sie eingehender bewerten zu können, werden wir uns einer anderen Notation für die obigen Gleichgewichte bedienen müssen. Wir verfolgen das Ziel, eine unmittelbare Erweiterung der Teilspielperfektheitsargumente auf Spielbäume zu ermöglichen, die im üblichen Sinne gar keine Teilspielbäume besitzen.

Kreps und Wilson schlagen in [68] einen Mix aus Strategien und Mutmaßungen vor, den sie als *assessment* bezeichnen. Solch eine *Einschätzung* ermöglicht es, Informationsmengen, die aus mehr als zwei Entscheidungsknoten bestehen, als Ausgangspunkt für die weitere Spielentwicklung heranzuziehen.

In Bild 4.17 haben wir das strategische Gleichgewicht um die erforderlichen Mutmaßungen ergänzt. Epeius und Sinon wissen mit vollständiger Sicherheit, wo sie sich befinden, falls sie am Zug sind. Laokoons Mutmaßung entspricht hingegen einer Wahrscheinlichkeitsverteilung über die Elemente seiner mehrknotigen Informationsmenge. In unserem Fall mutmaßt Laokoon, dass er sich mit Wahrscheinlichkeit 1 im linken Entscheidungsknoten befindet, falls es an ihm ist, nunmehr zu ziehen.

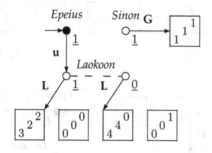

μ ... *Mutmaßung des Spielers hier am Zug zu sein*

Bild 4.17: Von der Mutmaßung zu den Gründen fürs Scheitern

Man beachte, dass diese Mutmaßung sich in zweifacher Weise mit dem zugrundegelegten strategischen Gleichgewicht verträgt. Sie lässt sich erstens unmittelbar aus den gegnerischen Zügen u und G ableiten, deren Ausspielen (auf Grund der unvollkommenen Information) zwar nicht den Beobachtungen Laokoons jedoch seinen Erwartungen entspricht. Sodann begründet die Mutmaßung (im Sinne der Nutzenmaximierung) einwandfrei Laokoons Zug L. Auch Epeius hat keinen Grund seine Zugwahl u zu bereuen, wenn seinen Erwartungen nach Sinon G und Laokoon L spielt.

Der Pferdefuß und somit die Gründe für das Scheitern vor der sequenziellen Hürde liegen woanders verborgen. Obwohl der in Bild 4.17 realisierte Spielverlauf Sinon ausschließt, stimmt dessen Zugwahl nicht mit seiner Erwartung über Laokoons Zug überein. Sein Nutzen ließe sich auf 4 Einheiten heraufschrauben, falls er am Zug befindlich **U** statt **G** wählen würde. Nun bleibt – wie in Bild 4.18 ersichtlich – kein Stein auf dem anderen.

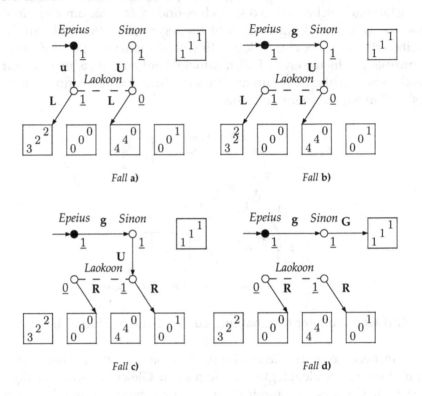

Bild 4.18: Kein Stein bleibt auf dem anderen

Wechselt nämlich Sinon auf **U**, so kann Epeius durch die Auswahl von **g** einen Nutzenvorteil erwirken (Fall **b)** in Bild 4.18). Dies lässt jedoch Laokoons Mutmaßung inkonsistent erscheinen; er sollte nun annehmen, dass das Spiel im rechten Knoten seiner mehrknotigen Informationsmenge seine Fortsetzung findet. Diese Mutmaßung begründet (Fall **c)** in Bild 4.18) Laokoons Zugwechsel auf **R**. Schließlich bleibt Sinon nur ein erneuter Wechsel auf **G** (Fall **d)** in Bild 4.18) übrig. Das resultierende Gleichgewicht besteht im Verbund mit der Mutmaßung Laokoons das spieltheoretische Mächtigkeitsspringen.

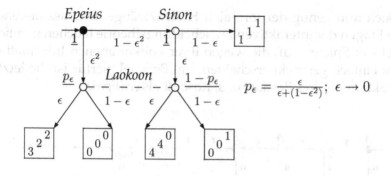

Bild 4.19: Die Konsistenz des sequenziellen Gleichgewichtes

Um dies zu beweisen, müsste ein mathematisch ausgebildeter Sprungrichter in der Lage sein, eine Folge vollständig gemischter Einschätzungen anzugeben, die gegen die in Bild 4.18 unter Fall **d)** angegebene Einschätzung konvergiert. Dabei wird von den Elementen dieser Folge nur verlangt, dass sich die Mutmaßungen aus den Verhaltensstrategien im bayesianischen Sinne ableiten lassen. In der Grenze muss zusätzlich noch jede Strategie im Sinne einer besten Antwort auf die zugrundegelegten Mutmaßungen aufbauen.

Im Bild 4.19 erfolgt die Ableitung der Mutmaßungen durch Berechnung der Wahrscheinlichkeit p_ϵ nach den Rechenvorschriften des Satzes von Bayes (wie in Osborne und Rubinstein [92] vorgerechnet). p_ϵ bezeichnet hierbei die Wahrscheinlichkeit, dass das Spiel – unter der Bedingung, dass Laokoon zum Zuge kommt – den linken Knoten seiner Informationsmenge erreicht hat. Erwartet Laokoon, dass Epeius und Sinon jeweils mit den Wahrscheinlichkeiten ϵ^2 und ϵ nach unten abzweigen, so trifft das bedingenden Ereignis mit der Wahrscheinlichkeit $\epsilon^2 + \epsilon(1-\epsilon^2)$ ein. Nach dem Satz von Bayes gilt somit: $p_\epsilon = \epsilon/[\epsilon + (1-\epsilon^2)]$.

Doch nun genug der formalen Höllenzwänge. Die faszinierendsten Fragen der interaktiven Entscheidungstheorie tauchen nämlich bereits in Spielen auf, die wegen ihrer vollkommenen Information recht einfach gestrickt erscheinen. Ein Beispiel hierfür ist die letzte Attraktion unseres Bestiariums: Rosenthals *centipede*.

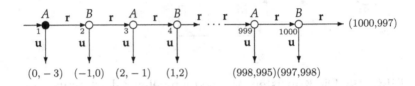

Bild 4.20: Das Tausendfüßlerspiel

In Bild 4.20 sind Messieurs A und B alternierend am Zug, sofern das Spiel andauert. Die Partie kann stets durch den Zug nach unten **u** beendet oder mit dem Zug nach rechts **r** fortgesetzt werden. Wird der Ausweg nach unten nie gewählt, so endet jedenfalls das Spiel mit dem 1000-ten Zug nach rechts.

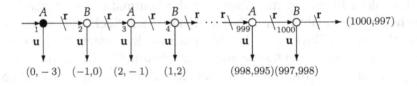

Bild 4.21: Rückwärtsrechnung im Tausendfüßlerspiel

Im n-ten Entscheidungsknoten blickt der zugberechtigte Spieler (A für ein ungerades, B für ein gerades n) auf eine mehr oder weniger lange Vorgeschichte $R(n-1)$ zurück, die aus $n-1$ Wiederholungen der Aktion **r** besteht. Erweitert man nun jede mögliche Vorgeschichte um die Aktion **u** und zusätzlich die Vorgeschichte $R(999)$ um die Aktion **r**, so hat man alle Pfade durch den Spielbaum erzeugt, die einen Spielausgang erreichen.

98

Es ist nunmehr nicht allzu schwierig, die Präferenzen beider Spieler festzustellen. Für $n \leq 998$ zieht der Spieler mit Zugrecht im n-ten Entscheidungsknoten den Pfad $(R(n+1), \mathbf{u})$ dem Pfad $(R(n-1), \mathbf{u})$ und dem ersteren wiederum den Pfad $(R(n), \mathbf{u})$ vor. Während der Spieler A schließlich $(R(999), \mathbf{r})$ vor $(R(998), \mathbf{u})$ und letzteren Pfad vor $(R(999), \mathbf{u})$ reihen würde, ist für seinen Kontrahenten B unbestreitbar $(R(999), \mathbf{u})$ einfach besser als $(R(999), \mathbf{r})$.

Nunmehr steht einer einfachen Rückwärtsrechnung – wie in Bild 4.21 angezeigt – wohl nichts mehr im Wege. Im teilspielperfekten Gleichgewicht wird in sämtlichen Knoten – ungeachtet der jeweiligen Vorgeschichte – nach unten abgezweigt. Der teilspielperfekte Gleichgewichtspfad in Bild 4.22, der aus dieser strategischen Überlegung resultiert, ist übrigens allen weiteren Nash-Gleichgewichten des Tausenfüßlerspiels gemeinsam.

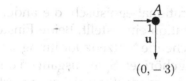

Bild 4.22: Der teilspielperfekte Gleichgewichtspfad

In einer so leichthin angebrachten Spiellösung sind jedoch so manche logische Fallstricke verborgen. In Experimenten zu diesem Spiel wurde vielfach festgestellt, dass Spieler durchaus bereit sind, sich – im Gegensatz zum theoretisch voraussagbaren Verhalten – dem Risiko eines geringen Verlustes auszusetzen, um andererseits den Boden für einen möglicherweise erklecklichen Zugewinn vorzubereiten.

David Kreps hat in [67], [66] einen Ansatz vorgeschlagen, der den tiefen Graben zwischen den experimentell beobachtbaren Spielweisen und der theoretisch empfohlenen Lösung zu überwinden scheint.

In Bild 4.23 haben wir diesen Ansatz für den Fall eines Dreifüßlerspiels durchgeführt. Spieler B vermutet, dass in A's Brust zwei

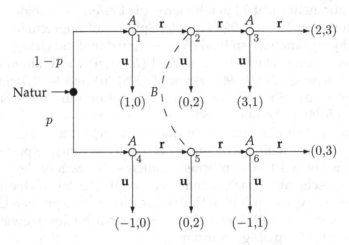

Bild 4.23: Das Dreifüßlerspiel mit Informationsdefizit

Seelen wohnen. Die eine ist rational-egoistisch, die andere jedoch von Kopf bis Fuß auf Kooperation eingestellt. Beide Einstellungen lassen sich durch eine entsprechende Nutzenzuordnung simulieren. So verfügt die erste in den zugehörigen Spielausgängen der oberen Verästelung über die für ein Tausendfüßlerspiel so typische Folge von Auszahlungen. Die zweite jedoch wird hingegen – auf Grund der ihr unterstellten Auszahlungswerte in der unteren Verästelung – stets dem Zug nach rechts nachgeben. Auf diese Weise steht die Rationalität beider Seelen nie auf dem Spiel.

Während Spieler A über einen Informationsvorteil verfügt – er weiß, welche seiner zwei Seelen durch den Zufallszug der Natur aktiviert wurde –, kennt B nur die Wahrscheinlichkeit, mit der die eine oder andere Seele ausgewählt wird.

Auf Grund der Teilspielperfektheit ist das strategische Verhalten beider Seelen im jeweils letzten Entscheidungsknoten (3 oder 6) stets voraussehbar. Die egoistische Seele zieht nach unten, während die kooperative den Zug nach rechts machen wird.

Den Zug nach rechts wird jedoch die kooperative Seele auch im Knoten 4 vorziehen, da sie dadurch mit Sicherheit – was auch immer

B im Knoten 5 unternehmen wird – nur gewinnen kann. Das Ergebnis dieser Kombination aus Rückwärts- und Vorwärtsrechnung ist in Bild 4.24 dargestellt.

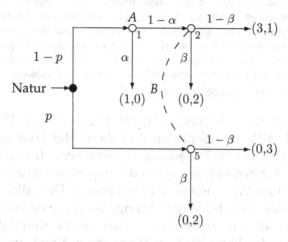

Bild 4.24: Das reduzierte Dreifüßlerspiel

Ein Gleichgewicht in Verhaltensstrategien kann aus dem Spielbaum in Bild 4.24 unmittelbar abgeleitet werden. Ist nämlich die egoistische Seele im Knoten 1 indifferent zwischen dem Zug nach unten und dem nach rechts, so sollten ihre Auszahlungswerte der Gleichung $1 = 3(1 - \beta)$ genügen. Im Gleichgewicht wählt somit B mit Wahrscheinlichkeit 1/3 den Zug nach rechts. Andererseits lässt sich auch die Indifferenz des Spielers B erfolgreich verwerten.

Seiner Mutmaßung nach, befindet er sich nämlich mit der *a posteriori* Wahrscheinlichkeit $\gamma = p/[p + (1-p)(1-\alpha)]$ im unteren Knoten seiner Informationsmenge. Da er den gleichen Nutzen unabhängig von seiner Zugwahl erzielen sollte, gilt die Gleichung $3\gamma + 1 - \gamma = 2$. Falls $p < \frac{1}{2}$, wählt somit im Gleichgewicht die egoistische Seele von A den Zug nach rechts mit Wahrscheinlichkeit $p/(1 - p)$.

4.5 Odysseus zieht in den Krieg

Agamemnon et Menelaus Atrei filii cum ad Troiam oppugnandam co-
niuratos duces ducerent in insulam Ithacam ad Ulixem Laertis filium
venerunt. cui erat responsum, si ad Troiam isset post vicesimum annum
solum sociis perditis egentem domum rediturum. itaque cum sciret ad
se oratores venturos insaniam simulans pileum sumpsit et equum cum
bove iunxit ad aratrum. quem Palamedes ut vidit sensit simulare atque
Telemachum filium eius cunis sublatum aratro ei[us] subiecit. . .
Hyginus ⟨Mythographus⟩. Fabula XCV

„Die Funktion des Mythos", schreibt Mircea Eliade [37], „besteht darin, Modelle zu offenbaren und damit der Welt und dem
menschlichen Dasein eine Bedeutung zu verleihen." In mythenfrei-
en Zeiträumen fühlten sich vor allem die ungleichen Musenschwe-
stern Literatur und Wissenschaft hierzu berufen. Dies alles enthebt
uns jedoch keineswegs der Verpflichtung, die Frage nach der Sinnhaftigkeit eines Modells zu stellen, das archaische Konflikte eines
eher unbedeutenden Vorspiels zum Trojanischen Krieg analysiert.

Der Mythos vom Kampf der Achaier gegen Illion wurde bereits
im fünften Jahrhundert vor unserer Zeitrechnung von Thukydides
[119] auf ein erträgliches, mikroökonomisches Maß reduziert. Folgen wir bedenkenlos den Ausführungen des kampferprobten Hi-
storikers, so verbirgt sich hinter der epischen Auseinandersetzung
nichts anderes als der optimale Einsatz überlegener Kapitalreserven
bei einem gelungenen Penetrationsversuch in den westanatolischen
Sklaven- und Töpferwarenmarkt.

Diese goldene Eselsbrücke zwischen Volkswirtschaftslehre und
klassischem Bildungsideal wurde jedoch noch von keinem Guru der
Spieltheorie überschritten. So ist es keineswegs verwunderlich, dass
uns selbst wohlbestallte, akademische Rosstäuscher statt eines Trojanischen Pferdes bestenfalls *Selten's horse* anzubieten haben.

Welcher Stellenwert kann hingegen unserem Angebot beigemes-
sen werden? In methodischer Sicht weist die letzte Stufe des in
Bild 4.25 definierten, zweistufigen Signalisierspiels Grundzüge des
wohlbekannten *quiche and beer*-Modells [27] auf, ohne über dessen

herben Imbissstubencharme zu verfügen. Im Unterschied zu In-Koo Cho und Kreps verfolgen wir jedoch in unserer Arbeit keine rein didaktischen Ziele. Ausgangspunkt unserer Betrachtungen ist die in der 95-ten Fabel des Hyginus [57] geschilderte Geschichte vom Wahnsinn des Odysseus.

4.5.1 Der Wahnsinn des Odysseus

An einem kalten Herbsttag des Jahres 1260 v.Chr. lenkten kräftige Ruderschläge ein mykenisches Kriegsschiff in den entvölkerten Hafen Phorkys der Insel Ithaka. In Bronze und Leder gepanzert, betrat Großkönig Agamemnon das Eiland. Ihm zur Seite schritt Palamedes, des Nauplios' kluger Sohn, den die Achaier zurecht als Erfinder der Buchstaben, Würfel und Brettspiele preisen.

Die Hafenmeisterei schien verlassen; vor dem hölzernen, unbemannten Verschlag der Schildwache paradierten Schafe auf und ab. Der Atride war wohl auf einen derartigen Empfang nicht vorbereitet gewesen. Um Rat heischend, blickte er zu seinem gewappneten Gefährten hinüber, worauf jener – ein Freund der klaren und freien Rede – die Zügel seiner Zunge löste.

„Dies also", hub an Palamedes im wirbelnden Takt der Daktylen,
„ist Ithakas kärglicher Felsen, die Heimstatt des Helden Odysseus.
Welch Glück diesen Gau zu verlassen, der Armut Gestade zu meiden,
In Trojas Geviert zu erringen des Ruhmes unsterblichen Kranz.
Was einstmals der Freier gelobet, soll nunmehr in Ehren er halten,
Zur Pflicht wird Helenens Befreiung durch uns'ren Gestellungsbefehl."

Bei aller Vorliebe, die die Achaier (zumindest in Ihren Epen) für die Versschmiedekunst offenbarten, war die ganze Situation wohl zu verfahren, um Agamemnon (und unseren geneigten Lesern) noch weitere zweihebige Senkungen zuzumuten.

Paris hatte die schöne Helena – eine Claudia Schiffer der Antike – nach Troja entführt. Diese freche Besitzstörung konnte sich ihr gehörnter Gemahl nicht gefallen lassen. Und da einstmals die Freier um die Hand der Schönsten den feierlichen Eid abzulegen hatten, dass sie dem einen Auserwählten beistehen würden, wenn jemand ihm die Frau streitig machen wolle, hatte sich in kürzester Zeit ein erkleckliches Aufgebot für den Rachefeldzug zusammengefunden.

Nur wenige schienen den Ruf zu den Waffen überhören zu wollen. Der Wenigen einer, Odysseus, ließ drei dringliche Botschaften des achaischen Generalstabes unbeantwortet. Gerüchten zufolge hatte ihm das Orakel von Delphi für den Fall seiner Kriegsteilnahme einen 20-jährigen Aufenthalt in der Fremde prophezeit. Nun war Agamemnon, seines Zeichens oberster Feldherr, in Ithaka gelandet, um den säumigen Wehrpflichtigen höchstpersönlich von der allgemeinen Mobilmachung in Kenntnis zu setzen.

Die mykenische Abordnung fand die Insel in einem recht desolaten Zustand vor. Ein besonderer Jahrgang verdarb ungelesen in den Weinbergen; der Königspalast auf dem Berge Aetos beherbergte nur das Gesinde. Beim Abstieg längs des westlichen Abhanges kam den Bewaffneten, tränenaufgelöst und ihren Säugling Telemachos in den Armen haltend, Penelope des Odysseus Gespons entgegen.

„Wo ist dein Mann, Weib?", herrschte Agamemnon sie an. Ithakas Königin wies ihm erhobenen Hauptes den Weg zu einem einsamen Strand, woselbst eine kräftige Gestalt in ungleichmäßigen Mäanderlinien den lockeren Sand durchfurchte. Pferd und Ochse waren vor dem Pflug gespannt; der Pflüger trug einen spitzen Hut und säte unablässig Salz aus. Es war Odysseus, den die Götter offensichtlich mit Wahnsinn geschlagen hatten.

„Untauglich zum Dienst mit der Waffe", bemerkte Agamemnon gequält. Da ergriff Palamedes den Säugling und legte ihn vor die Pflugschar in den Sand. Würde Odysseus wohl die Furche durch seinen Sohn hindurch ziehen?

4.5.2 Das spieltheoretische Modell

Ohne den eher melodramatischen Geschehnissen weiter vorgreifen zu wollen, ist es nun an der Zeit, spieltheoretische Überlegungen anzuschließen. Wir werden das Dilemma des Helden Odysseus als Ergebnis der extensiven Zugfolge in einem Dreipersonen-Spiel mit unvollständiger Information deuten. Die mykenische Partei wird durch den Spieler Palamedes repräsentiert. Seine Widerparte sind Odysseus der Simulant und Odysseus der Wahnsinnige. Die genaue Information, mit welchem dieser beiden er es in Wirklichkeit zu tun hat, geht Palamedes gleich zu Spielbeginn ab.

Dieses offensichtliche Manko lässt sich jedoch mit einem Taschenspielertrick ausgleichen. In der Harsanyi'schen Tradition (siehe [48], [49], [50]) wird zu aller Anfang ein Zufallszug[28] ins Spiel gebracht. Dabei wird gemäß einer allen Spielern bekannten *a priori*-Verteilung der Gegenspieler des Palamedes erwürfelt.

Die Informationsstruktur dieses Spiels ist nunmehr vollständig, jedoch unvollkommen, da Palamedes nur die Wahrscheinlichkeit p (respektive $1 - p$) kennt mit der Odysseus der Wahnsinnige (oder Odysseus der Simulant) am Zug ist. Seine beiden Widersacher wissen jedoch stets darüber Bescheid, ob sie ins Spiel kommen (oder nicht).

Hat das Schicksal entschieden, so erhält Odysseus die Gelegenheit sein erstes Signal abzusetzen. Er kann sich, unabhängig von seinem erwürfelten Typus, entweder jeder Äußerung enthalten: Strategie $\bar{w}$ oder, wahlweise, als Wahnsinniger aufführen: Strategie **w**.

Danach ist Palamedes am Zug. Wurde ihm nichts signalisiert, so entscheidet er zwischen Verzicht und Einberufung: Strategien **v** und **e**. Empfing er hingegen das Signal Wahnsinn, so wird er entweder auf Odysseus verzichten: Strategie **v** oder Telemach ins Spiel bringen: Strategie **t**. In diesem letzteren Fall erfährt das Spiel eine dramatische Wende. Odysseus wird zur Abgabe eines neuen Signals

---

[28] Harsanyi spricht allgemein von einem Zug der Natur. Wir hingegen können im gegenständlichen Fall zweifellos von einem Zug der Schicksalsgöttin MOIRA ausgehen.

gezwungen. Er kann Telemachos opfern: Strategie o oder schonen: Strategie s. Palamedes wird schließlich entweder mit Einberufung oder mit Verzicht reagieren. Das Bild 4.25 beschreibt nunmehr die extensive Spielabfolge durch Angabe des zugehörigen Spielbaumes. Die Auszahlungen der drei Spieler bilden hierbei deren Präferenzen über die jeweils zu erreichenden Spielausgänge ab.

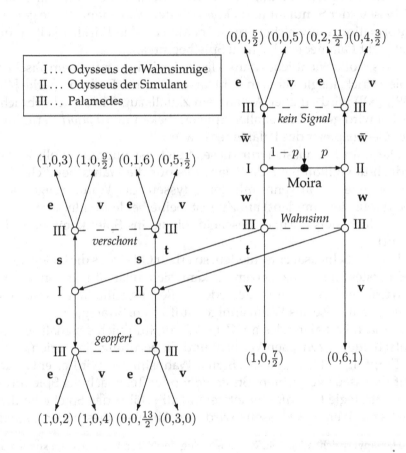

Bild 4.25: Odysseus: Spielbaum des Dreipersonenspiels

106

So bewertet beispielsweise der Simulant eine erfolgreiche Täuschung seines Kontrahenten dann am höchsten, wenn Palamedes auf die Durchführung des Telemach-Testes verzichtet. Die geglückte Täuschung bei gleichzeitig erfolgter Verschonung seines Sprößlings erreicht die zweitbeste Auszahlung. Ein bis zur letzten Konsequenz Simulierender muss schlussendlich für den Fall seiner Einberufung mit dem geringsten Wert rechnen.

Dem Wahnsinnigen dagegen ist (im wahren Wortsinn) alles eins; nur der Verstellung kann er keinen Nutzen abgewinnen. Palamedes gibt seinerseits vor allem denjenigen Spielausgängen den Vorzug, die für den Simulanten zutiefst demütigend sind. Er ist sodann eher bereit, einen Wahnsinnigen einzuberufen (Berserker-Effekt?), als auf einen Simulanten zu verzichten.

4.5.3 Verhaltensstrategische Analyse

Im Prinzip wäre es durchaus möglich, sich statt des Spielbaumes in Bild 4.25 eine zugehörige Normalformdarstellung vor Augen zu führen. Der Zeilenspieler würde in diesem Fall als Drahtzieher[29] zwei Marionetten tanzen lassen: Odysseus den Wahnsinnigen und Odysseus den Simulanten. Dem Spaltenspieler bleibt hingegen nur die Wahl, Palamedes ins Spiel zu bringen.

Man erhält für beide Drahtzieher jeweils 16 reine Strategien, die für jeden Entscheidungsknoten eine spezielle Aktion empfehlen. So stellt z.B. die reine Strategie **wwos** beiden Odysseusen die Abgabe des Signals Wahnsinn in der ersten Stufe des Spiels anheim; danach sollte der Wahnsinnige Telemach opfern, der Simulant ihn hingegen verschonen.

---

[29] Dieser technische Trick erfolgt im vorliegenden Falle in Übereinstimmung mit dem mythischen Geschehen. So könnte Hermes – der Gott der Kaufleute und Diebe – das Schicksal seines Urenkels Odysseus in die Hand nehmen; für Palamedes stünde mit Pallas-Athene – die Göttin der Weisheit – keine geringere Puppenspielerin bereit.

	etee	etev	etve	etvv	et••
wwoo	$2 + \frac{9}{2}p$ $1 - p$	$4(1 - p)$ $1 + 2p$	$2 + \frac{9}{2}p$ $1 - p$	$4(1 - p)$ $1 + 2p$	$\frac{7}{2} - \frac{5}{2}p$ $1 + 5p$
wwos	$2 + 4p$ 1	$4 + 2p$ 1	$2 - \frac{3}{2}p$ $1 + 4p$	$4 - \frac{7}{2}p$ $1 + 4p$	$\frac{7}{2} - \frac{5}{2}p$ $1 + 5p$
wwso	$3 + \frac{7}{2}p$ $1 - p$	$3(1 - p)$ $1 + 2p$	$\frac{9}{2} + 2p$ $1 - p$	$\frac{9}{2}(1 - p)$ $1 + 2p$	$\frac{7}{2} - \frac{5}{2}p$ $1 + 5p$
wwss	$3 + 3p$ 1	$3 + 3p$ 1	$\frac{9}{2} - 4p$ $1 + 4p$	$\frac{9}{2} - 4p$ $1 + 4p$	$\frac{7}{2} - \frac{5}{2}p$ $1 + 5p$
w̄w̄o•	$2 + \frac{7}{2}p$ $1 + p$	$4 + \frac{3}{2}p$ $1 + p$	$2 + \frac{7}{2}p$ $1 + p$	$4 + \frac{3}{2}p$ $1 + p$	$\frac{7}{2} + 2p$ $1 + p$
w̄w̄s•	$3 + \frac{5}{2}p$ $1 + p$	$3 + \frac{5}{2}p$ $1 + p$	$\frac{9}{2} + p$ $1 + p$	$\frac{9}{2} + p$ $1 + p$	$\frac{7}{2} + 2p$ $1 + p$

Bild 4.26: Die (reduzierte) Drahtzieher-Normalform

In Bild 4.26 haben wir (anhand der reduzierten Drahtzieher-Normalform[30]) für jede zulässige Konfiguration reiner Strategien[31] die (gemäß der *a priori*-Verteilung) gewichteten Auszahlungswerte bestimmt.

Selbstverständlich ließe sich die Matrix in Bild 4.26 auf das Vorhandensein von Gleichgewichten (in gemischten Strategien) abklopfen. Dies wäre jedoch ein krasser Kunstfehler. Da der Spielbaum in Bild 4.25 auf ein extensives Spiel mit vollkommener Erinnerung hinweist, sollte man entweder auf die zugehörige Agentennormalform

---

[30] deren Zeilen und Spalten von Trojakämpfern (copyright ©Erich Lessing Culture and Fine Arts Archives. Alle Rechte vorbehalten.) beherrscht werden.

[31] 6 für den Zeilen- und 5 für den Spaltenspieler

108

oder auf das weitaus wirksamere Mittel der verhaltensstrategischen Analyse zurückgreifen.

In Bild 4.27 haben wir diese zweite Vorgangsweise dargestellt. Nachdem MOIRA im Wurzelknoten des Spiels (gemäß der allseits bekannten a priori-Verteilung $(1 - p,p)$) den Typus des Odysseus gewählt hat, gibt der Wahnsinnige mit der Wahrscheinlichkeit 1, der Simulant mit (noch unbekannter) Wahrscheinlichkeit α das Signal Wahnsinn ab.

In Abhängigkeit von diesem (vermuteten) Verhalten steht die beste Antwort des Palamedes im Informationsbezirk *kein Signal* fest. Seiner Vermutung nach befindet er sich (mit Wahrscheinlichkeit 1) im rechten Entscheidungsknoten. Somit wird er (den Simulanten) Odysseus wohl mit Wahrscheinlichkeit 1 einberufen.

Was passiert hingegen im Informationsbezirk *Wahnsinn*? Die Wahrscheinlichkeit, dass er erreicht wird, ist $\alpha p + (1 - p)$. Als a posteriori-Verteilung der Typen lässt sich somit $(1 - \gamma, \gamma)$ mit $\gamma = \alpha p/[\alpha p + (1 - p)]$ ableiten. Diese Verteilung würde auch für den Informationsbezirk *verschont* gelten, falls wir annehmen, dass sich Palamedes mit Wahrscheinlichkeit 1 für die Durchführung des Telemach-Testes entscheidet, und beide Typen (im Pool) mit der gleichen Wahrscheinlichkeit 1 Telemach schonen.

Wie wird schließlich Palamedes im Bezirk *verschont* reagieren? Wir können durchaus seine unbekannte Verhaltensstrategie, die ihn mit der Wahrscheinlichkeit β nach dem Einberufungsbefehl für Odysseus greifen lässt, aus dem Verhalten des Simulanten bestimmen. Da Odysseus der Simulant in seinem ersten Entscheidungsknoten zwischen den ihm zur Verfügung stehenden Signalen indifferent ist, gilt notwendigerweise folgende Nutzengleichung:[32] $\beta + 5(1 - \beta) = 2$. Man erhält demnach für β den Wert $3/4$.

Aus der Indifferenz von Palamedes im Bezirk *verschont* kann man schließlich den Wert für α berechnen. Dazu verwendet man die a posteriori-Verteilung $(1 - \gamma, \gamma)$. Wird Odysseus einberufen, so erreicht

---

[32] Auf der linken Seite dieser Gleichung steht der Nutzen, der dem Simulanten zukommen würde, falls er das Signal Wahnsinn abgibt; auf der rechten der Nutzen, den er andernfalls erreichen würde.

Palamedes den Nutzen: $3(1 - \gamma) + 6\gamma$. Bei Verzicht erhält er hingegen $9(1 - \gamma)/2 + \gamma/2$. Diese Werte stimmen genau dann überein, wenn $\alpha = 3(1 - p)/(11p)$. Wir richten nunmehr unser Augenmerk auf den Informationsbezirk *geopfert*, der abseits des oben eingehend beschriebenen Spielverlaufes zu liegen kommt.

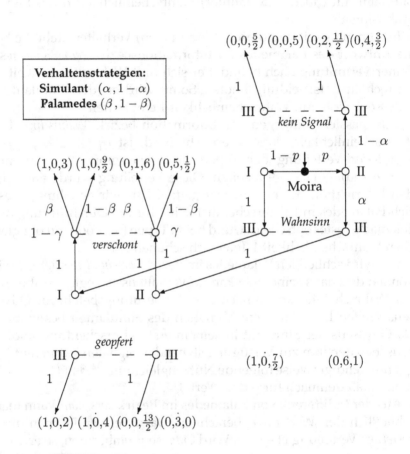

Bild 4.27: Die Kunst der verhaltensstrategischen Analyse

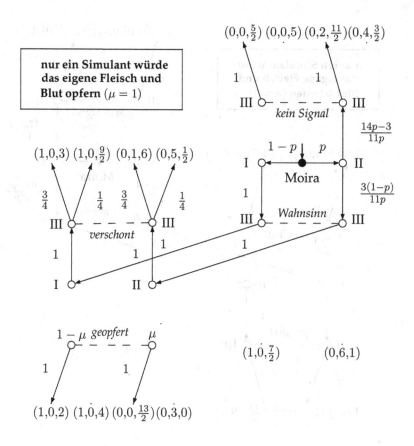

Bild 4.28: Telemach wird verschont

Man könnte nun der Ansicht sein, dass des Palamedes Verhalten in diesem Bezirk überhaupt keine Rolle spielt. Welch ein Trugschluß! Würde Palamedes nämlich mit Wahrscheinlichkeit 1 auf Odysseus verzichten, so könnte der Simulant durch einen Signalwechsel einen höheren Nutzen erreichen.

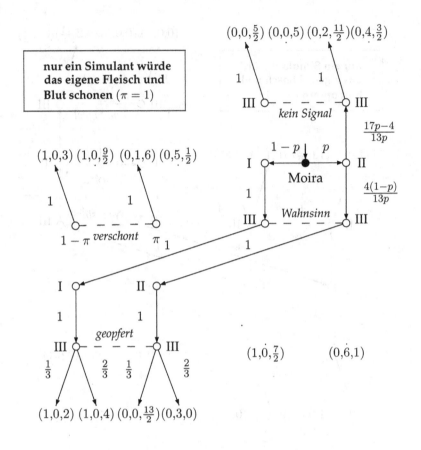

Bild 4.29: Telemach wird geopfert

Das in Bild 4.28 dargestellte verhaltensstrategische Gleichgewicht wäre somit zerstört. Aufrechterhalten wird es jedoch durch eine Mutmaßung, die Palamedes veranlasst, im Bezirk *geopfert* auf den Einberufungsbefehl zu setzen.

112

Diese Mutmaßung[33] könnte beispielsweise wie folgt lauten: *Nur ein Simulant würde das eigene Fleisch und Blut opfern.*

Im Mythos wird Telemach[34] ebenfalls verschont. Vor die prekäre Wahl gestellt, sein eigenes Fleisch und Blut zu opfern, gibt Odysseus sich geschlagen und als Simulant zu erkennen.

Nur ein Wahnsinniger – so legt uns die Sage die Mutmaßung des Palamedes nahe – würde Telemach opfern. Wir wissen bereits, wie gefährlich und destabilisierend diese Mutmaßung wäre. Sie könnte schnurstracks zu dem Gleichgewicht in Bild 4.29 führen.

---

[33] Weitere stabilisierende Mutmaßungen abseits des Gleichgewichtspfades haben wir in Bild 4.28 durch die Ungleichung $\mu > 4/17$ festgelegt.

[34] Der Name Telemach weist auf das Vorliegen zweier Optionen für Odysseus hin. Er kann entweder mit „Der dem Kriege Fernbleibende" oder mit „Der in der Ferne Kämpfende" übersetzt werden.

Anmerkungen zu Kapitel 4

Ein Modell nach Girardoux's *Amphitryon 38* wird auch in Marcus [75] erwähnt. Als Autorin eines Manuskriptes unter dem Titel *Jeu et stratégie dans le théatre d'Alfred Musset et celui de Jean Girardoux* wird Cecilia Macarie angegeben. Eine eingehende Literatursuche konnte zusätzlich zu den spärlichen Angaben in [75], die vermuten lassen, dass es sich um ein Einpersonen-Spiel Alkmenes handeln dürfte, keine Ergebnisse zeitigen.

Kapitel 5
Evolutionäre Spiele
oder
Von Mutanten und Automaten

5.1 Die Stunde der Mutanten

> Evolution is not a force but a process; not a cause but a law.
> **John, Viscount Morley of Blackburn.** On Compromise

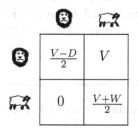

Bild 5.1: Das Löwe-Lamm Spiel

Das im Bild 5.1 dargestellte Löwe-Lamm Spiel kann – bei dieser Namensgebung kaum verwunderlich – als verkürzte Metapher für die Evolution dienen. Aus unzähligen Wälzern der Spieltheorie flattert es einem in tierisch veränderter Gestalt als Falke-Tauben Spiel entgegen. Gründe für diese Benennung mag es viele geben. Sie sind jedoch mit Sicherheit nicht vogelkundlicher[1]

---

[1] Ornithologists know all about the bird, but their nomenclature is absurd. **Ogden Nash**

Art. Vor allem auf Grund ihrer erstaunlichen Agressivität – so Richard Dawkins in seinem *egoistischen Gen* [32] – sind Tauben kaum als glaubhafte Vorbilder kooperativen Verhaltens anzusehen.

Die evolutionäre Parabel ist im Grunde schnell und schmerzlos erzählt. Zwei zufällig ausgewählte Individuen einer Population werden in einen Kampf um eine Beute verwickelt. Der alleinige Besitz dieser Ressource würde die darwinsche Fitness[2] des Besitzer um den Wert V erhöhen.

Während ein Lamm dem Löwen die Beute kampflos überlässt, kämpfen zwei Löwen sie stets untereinander aus. Bezeichnet $D/2$ den Durchschnittswert, um den die darwinsche Fitness im Zuge eines Kampfes vermindert wird, kann ein abgekämpfter Löwe mit einem durchschnittlichen Fitnessveränderung von $(V - D)/2$ rechnen. Lämmer teilen die Beute eher stressfrei untereinander auf. Aus diesem Grunde haben sie einen durchschnittlichen Fitnesszugewinn von $(V + W)/2$ zu erwarten. $W/2$ kann dabei als durchschnittlicher Fitnessgegenwert der Friedfertigkeit angesehen werden.

Die Spiele des Abschnittes 3.2 lassen sich nun unter speziellen Parametervorgaben unmittelbar aus der Tabelle des Löwe-Lamm Spiels ableiten.

Kasten 5.1: Spezialfälle des Löwe-Lamm Spiels

1. $V = 4$, $D = 2$ und $W = 0$: *Dilemma des Wettrüstens*

2. $V = 2$, $D = 4$ und $W = 0$: *Chicken-Spiel*

3. $V = 4$, $D = 0$ und $W = 6$: *(Rousseaus) Hirschjagdparabel*

---

[2] Wir verstehen darunter die erwartete Anzahl der Nachkommen eines Individuums der gegebenen Population.

Evolutionäre Konflikte werden jedoch nur scheinbar zwischen den Individuen einer Population ausgetragen. Die wahren Gegner in diesem Spiel sind die Puppenspieler und nicht die Marionetten. Ohne dass es ihnen bewusst[3] wird, werden die Individuen von vererblichen (beim *homo sapiens* auch von intellektuell übertragbaren) Verhaltensprogrammen gesteuert.

Die Puppenspieler werden auch als Replikatoren bezeichnet, da sie sich nur über die Umleitung ihrer Marionetten vervielfältigen können. Richard Dawkins eigensüchtige Gene und (als Neuzugang) seine Meme gehören dem in [32] entworfenen Pantheon der Replikatoren an.

Es sei

A ... die Fitnessmatrix eines evolutionären Konflikts,

$\tilde{p}$ ... eine gemischte Strategie, die sich als (durch den Replikator N induziertes) normales Verhalten etabliert hat,

p ... eine gemischte Strategie, die infolge einer Mutation in einem geringen Anteil ϵ der Population als (durch den Replikator F induziertes) Fehlverhalten auftaucht.

Ein Individuum, dessen Gegner zufällig ausgewählt wurde, tritt mit Wahrscheinlichkeit ϵ gegen eine Marionette des Replikators F und mit der von $1 - \epsilon$ gegen eine des Replikators N an. Die dabei resultierende durchschnittliche Fitness beträgt somit

$$(1 - \epsilon)\tilde{p}A\tilde{p}' + \epsilon\tilde{p}Ap' \qquad (5.1)$$

für den Normalreplikator und

$$(1 - \epsilon)pA\tilde{p}' + \epsilon pAp' \qquad (5.2)$$

für den Mutanten.

---

[3] Es soll jedoch gewisse Populationen geben, deren Individuen Bücher über dieses Thema schreiben.

Eine Strategie heißt nach Maynard Smith [76] *evolutionär stabil*, falls der sie induzierende Replikator eine höhere durchschnittliche Fitness als jeder andere Replikator aufweist, der in einem hinreichend kleinen Anteil $\epsilon > 0$ der Population auftaucht.

Diese Grundzüge eines evolutionären Konfliktes können wie folgt in das formale Korsett der Spieltheorie übertragen werden. Ausgangspunkt ist das endliche Zweipersonen Spiel in Normalform-Darstellung $(S_1, S_2; u_1, u_2)$, mit $S_1 = \{1, \ldots, k\} = S_2$ und

$$u_2(j,i) = u_1(i,j) := a_{ij}, \qquad (5.3)$$

wobei a_{ij} das Element im Kreuzungspunkt der i-ten Zeile und der j-ten Spalte der $k \times k$ Fitnessmatrix A bezeichnet.

Erweitert man den Strategienraum, um auch gemischte Strategien einzuschließen, so definiert man $S_1 = S_2 = S$ mit

$$S := \{p = (p_1, \ldots, p_k) \mid p_i \geq 0, \ i = 1, \ldots, k; \ \sum_{i=1}^{k} p_i = 1\} \qquad (5.4)$$

und für je zwei als Zeilenvektoren geschriebene Wahrscheinlichkeitsverteilungen $p_1, p_2 \in S$

$$u_2(p_2, p_1) = u_1(p_1, p_2) := p_1 A p_2'. \qquad (5.5)$$

Das Spiel $(S_1, S_2; u_1, u_2)$ mit den durch (5.4) und (5.5) gegebenen Strategienmengen und Auszahlungen wird auch als symmetrisch evolutionäres Spiel mit Fitnessmatrix A bezeichnet.

Definition 5.1 Eine gemischte Strategie $\tilde{p}$ heißt *Nash-Strategie* des symmetrisch evolutionären Spiels mit Fitnessmatrix A falls

$$\tilde{p} A \tilde{p}' \geq p A \tilde{p}', \qquad (5.6)$$

für alle $p \in S$. Ist (5.6) für alle $p \in S$, mit $p \neq \tilde{p}$ strikt erfüllt, so bezeichnet man (die notwendigerweise reine Strategie) $\tilde{p}$ als *strikte Nash-Strategie*.

Da in einem symmetrisch evolutionären Spiel mit Fitnessmatrix A die Strategienmengen beider Spieler übereinstimmen und auch die Spieler prinzipiell austauschbar sind, kann mittels des Satzes von Kakutani stets die Existenz eines (gemischten) symmetrischen Gleichgewichtes $(\tilde{p}, \tilde{p})$ und somit einer Nash-Strategie $\tilde{p}$ gezeigt werden.

Eine evolutionär stabile Strategie $\tilde{p}$ muss notwendigerweise Nash-Strategie sein, da man ansonsten eine gemischte Strategie $\bar{p}$ mit $\bar{p}A\tilde{p}' > \tilde{p}A\tilde{p}'$ angeben kann, deren Replikator, sollte er in einem hinreichend kleinen Anteil $\epsilon > 0$ der Population auftauchen, eine höhere durchschnittliche Fitness als der Replikator von $\tilde{p}$ aufweisen würde.

Um evolutionär stabil zu sein, muss andererseits eine Nash-Strategie über zusätzliche Eigenschaften verfügen – ein Umstand, der sich auf die Existenzfrage letztlich nachteilig auswirken wird. Nur im Reservat symmetrisch evolutionärer Spiele, deren Fitnessmatrix A auf jeweils zwei Zeilen und Spalten beschränkt ist, kann man stets evolutionär stabile Strategien nachweisen.

5.2 Evolutionäre Stabilität

Der folgende Satz spezifiziert die Bedingungen, unter denen eine Nash-Strategie sich als evolutionär stabil erweist.

Satz 5.1 *Eine Nash-Strategie $\tilde{p}$ ist genau dann evolutionär stabil, wenn für jede gemischte Strategie $\hat{p} \neq \tilde{p}$, für die*

$$\hat{p}A\tilde{p}' = \tilde{p}A\tilde{p}' \tag{5.7}$$

gilt, folgende Ungleichung erfüllt ist:

$$\tilde{p}A\hat{p}' > \hat{p}A\hat{p}'. \tag{5.8}$$

Beweis. Folgt unmittelbar aus dem Größenvergleich der Ausdrücke (5.1) und (5.2). **q.u.e.d.**

119

Nicht jedes evolutionäre Spiel besitzt notwendigerweise auch eine evolutionär stabile Strategie. Für eine (um den konstanten Wert 2 verschobene) evolutionäre Version von Schere-Stein-Papier:

$$A = \begin{array}{|c|c|c|} \hline 2 & 1 & 3 \\ \hline 3 & 2 & 1 \\ \hline 1 & 3 & 2 \\ \hline \end{array}$$

erhält man:

$$e_1 A \begin{bmatrix} \frac{1}{3} \\ \frac{1}{3} \\ \frac{1}{3} \end{bmatrix} = \begin{bmatrix} \frac{1}{3}, & \frac{1}{3}, & \frac{1}{3} \end{bmatrix} A \begin{bmatrix} \frac{1}{3} \\ \frac{1}{3} \\ \frac{1}{3} \end{bmatrix} = 2,$$

aber die eindeutige Nash-Strategie $\bar{p} = (\frac{1}{3}, \frac{1}{3}, \frac{1}{3})$ schneidet gegen die Mutantenstrategie $e_1 = (1, 0, 0)$ nicht besser ab, als die gegen sich selbst:

$$\bar{p} A e_1' = e_1 A e_1' = 2.$$

Somit kann die eindeutige Nash-Strategie $\bar{p}$ gar nicht evolutionär stabil sein und da die Nash-Eigenschaft stets notwendig für die evolutionäre Stabilität ist, besitzt das Schere-Stein-Papier Spiel keine evolutionär stabile Strategie.

Für eine beliebige gemischte Strategie p des evolutionären Spiels mit Fitnessmatrix A werden alle reinen Strategien, die in p mit strikt positiver Wahrscheinlichkeit $p_i > 0$ gespielt werden, als *wesentliche Strategien* von p bezeichnet. Unter $W(p)$ verstehen wir in der Folge die Menge der wesentlichen Strategien von p.

Ein Spieler ist stets indifferent zwischen den wesentlichen Strategien einer gemischten Nash-Strategie $\tilde{p}$. Falls somit $i \in W(\tilde{p})$, so folgt daraus

$$e_i A\tilde{p}' = e_j A\tilde{p}' \quad \text{für alle } j \in W(\tilde{p}) \tag{5.9}$$

und somit

$$e_i A\tilde{p}' = \sum_{j \in W(\tilde{p})} \tilde{p}_j e_i A\tilde{p}' = \sum_{j \in W(\tilde{p})} \tilde{p}_j e_j A\tilde{p}' = \tilde{p} A\tilde{p}'. \tag{5.10}$$

Jede wesentliche Strategie von $\tilde{p}$ ist demzufolge eine beste Antwort[4] auf $\tilde{p}$. Zusätzlich zu dieser Eigenschaft lassen sich für evolutionär stabile Strategien folgende Kennzeichen ausmachen.

Satz 5.2 *Jede Nash-Strategie (und somit notwendigerweise auch jede ESS) besitzt zumindest eine wesentliche Strategie, die für keine (andere) evolutionär stabile Strategie des zugrunde liegenden symmetrisch evolutionären Spiels eine beste Antwort ist.*

Beweis. Für die Nash-Strategie $\bar{p}$ mit der zugehörigen Menge der wesentlichen Strategien $W(\bar{p})$ und die evolutionär stabile Strategie $\hat{p} \neq \bar{p}$ möge folgende Beziehung gelten:

$$e_j A\hat{p}' = \hat{p} A\hat{p}', \quad \text{für alle } j \in W(\bar{p}). \tag{5.11}$$

Da jede wesentliche Strategie von $\bar{p}$ eine beste Antwort auf $\hat{p}$ ist, gilt wegen (5.10) offensichtlich

$$\bar{p} A\hat{p}' = \hat{p} A\hat{p}'. \tag{5.12}$$

---

[4] Es muss jedoch nicht jede reine Strategie, die eine beste Antwort auf $\tilde{p}$ ist, notwendigerweise eine wesentliche Strategie von $\tilde{p}$ sein.

Aus der evolutionären Stabilität von $\hat{p}$ folgt nun

$$\hat{p}A\bar{p}' > \bar{p}A\bar{p}' \qquad (5.13)$$

und daher kann (in Widerspruch zur Annahme) $\bar{p}$ keine Nash-Strategie (und somit erst recht keine ESS) sein. **q.u.e.d.**

Hat man eine ESS $\tilde{p}$ für das gegebene symmetrisch evolutionäre Spiel mit Fitnessmatrix A gefunden, so kann man demnach bei der Suche nach weiteren evolutionär stabilen Strategien alle diejenigen gemischten Strategien p ausschließen, für die sich entweder alle wesentlichen Strategien von $\tilde{p}$ ebenfalls als wesentlich erweisen oder deren wesentliche Strategien ausnahmslos beste Antworten auf $\tilde{p}$ sind.

Satz 5.3 *Unter den wesentlichen Strategien einer ESS gibt es keine, die von einer anderen Strategie des symmetrisch evolutionären Spiels schwach dominiert wird.*[5]

Beweis. Es sei $\tilde{p}$ eine gemischte Strategie, deren wesentliche Strategie i von der Strategie $\bar{p}$ schwach dominiert wird. Definiert man nun eine gemischte Strategie $\hat{p} \in S$ durch

$$\hat{p}_k = \begin{cases} \tilde{p}_k, & \text{wenn } k \neq i, k \notin W(\bar{p}), \\ 0, & \text{wenn } k = i, \\ \bar{p}_k \cdot \tilde{p}_i, & \text{wenn } k \neq i, k \in W(\bar{p}), k \notin W(\tilde{p}), \\ \bar{p}_k \cdot \tilde{p}_i + \tilde{p}_k & \text{wenn } k \neq i, k \in W(\bar{p}), k \in W(\tilde{p}), \end{cases} \qquad (5.14)$$

dann kann der Zeilenvektor $(\hat{p} - \tilde{p})A$ als $\tilde{p}_i \cdot (\sum_j \bar{p}_j \cdot a_j - a_i)$ geschrieben werden, wobei a_k die k-te Zeile der Fitnessmatrix A bezeichnet. Da jedoch die Strategie $\bar{p}$ die wesentliche Strategie i der Strategie $\tilde{p}$ schwach dominiert, folgt daraus sowohl

---

[5] Aus Satz 5.3 folgt unmittelbar, dass eine Nash-Strategie $\tilde{p}$, die von einer anderen Strategie schwach dominiert wird, keine evolutionär stabile Strategie sein kann.

$$\hat{p}A\tilde{p}' \geq \tilde{p}A\tilde{p}', \qquad (5.15)$$

als auch

$$\hat{p}A\hat{p}' \geq \tilde{p}A\hat{p}'. \qquad (5.16)$$

Gilt (5.15) strikt, so ist $\tilde{p}$ offensichtlich keine beste Antwort auf sich selbst; wird (5.15) als Gleichung erfüllt, so schneidet $\tilde{p}$ wegen (5.16) nicht besser gegen $\hat{p}$ ab, als $\hat{p}$ gegen sich selbst. In beiden Fällen kann somit $\tilde{p}$ gar nicht evolutionär stabil sein. **q.u.e.d.**

Bild 5.2: Das Löwe-Lamm-Hyäne Spiel

Falls $V > D$, werden in der im Bild 5.2 dargestellten 3×3 Fitnessmatrix A die beiden anderen Strategien von der Löwe-Strategie dominiert. Gemäß Satz 5.3 kann es aber keine evolutionär stabile Strategie geben, die eine andere wesentliche Strategie als die Löwe-Strategie besitzt. Die Löwe-Strategie ist somit als strikte Nash-Strategie die einzige ESS des Löwe-Lamm-Hyäne Spiels.

Für $V < D$ wird Lamm von Hyäne schwach dominiert. Keine der reinen Strategien ist eine Nash-Strategie; in jeder Spalte i der Fitnessmatrix gibt es zumindest ein Spaltenelement a_{ji}, mit $j \neq i$, welches das Diagonalelement a_{ii} größenmäßig überschreitet, d.h. die Ungleichung

$$a_{ii} \geq a_{ji} \tag{5.17}$$

ist für kein $i \in \{1,2,3\}$ und $j \neq i$ erfüllt.

Als Kandidat für eine ESS kommt somit, wenn überhaupt, nur eine gemischte Strategie $\tilde{p}$ in Frage, die sowohl Löwe als auch Hyäne als wesentliche Strategien zulässt und notwendigerweise eine Nash-Strategie ist, d.h

$$\tilde{p} = \left(\frac{V}{D}, \quad 0, \quad \frac{D-V}{D} \right). \tag{5.18}$$

Um sich als evolutionär stabil zu erweisen, müsste $\tilde{p}$ gegen jede gemischte Strategie $\bar{p}$, deren wesentliche Strategien stets beste Antworten auf $\tilde{p}$ sind, besser abschneiden als $\bar{p}$ gegen sich selbst. Dies ist aber genau dann der Fall, wenn

$$(\bar{p} - \tilde{p})A(\bar{p} - \tilde{p})' < 0, \tag{5.19}$$

für alle gemischten Strategien $\bar{p}$ gilt, deren wesentliche Strategien in der Menge aller reinen besten Antworten auf $\tilde{p}$ enthalten sind.

Im allgemeinen Fall einer $m \times m$ Fitnessmatrix A ist die Ungleichung (5.19) für eine Nash-Strategie $\tilde{p}$, deren Menge wesentlicher Strategien $W(\tilde{p})$ aus sämtlichen $k \geq 2$ reinen besten Antworten auf sich selbst besteht, genau dann erfüllt, wenn die $(k-1) \times (k-1)$ Matrix $\frac{1}{2}(B + B')$ negativ definit ist. B ist dabei durch die folgende Gleichung gegeben:

$$B = \hat{T}\tilde{A}\hat{T}'. \tag{5.20}$$

$\tilde{A}$ erhält man durch eine Permutation der Zeilen und Spalten der $m \times m$ Fitnessmatrix A, welche die in wachsender Reihenfolge ihrer

Indizes angeordneten k reinen Strategien, die beste Antworten auf $\tilde{p}$ sind, auf die k ersten Zeilen- und Spaltenpositionen versetzt. Die $(k-1) \times m$ Matrix $\hat{T} = (\hat{t}_{ij})$ wird folgendermaßen definiert:

$$\hat{t}_{ij} = \begin{cases} 1, & \text{wenn } i = j, \\ 0, & \text{wenn } i \neq j, j \neq k, \\ -1, & \text{wenn } i < k, j = k. \end{cases} \tag{5.21}$$

Falls die Menge wesentlicher Strategien $W(\tilde{p})$ nur $r < k$ der $k \geq 2$ reinen besten Antworten auf sich selbst enthält, so ist die negative Definitheit der Matrix $\frac{1}{2}(B + B')$ zwar hinreichend aber nicht notwendig für die Gültigkeit von (5.19). Siehe van Damme [31] für einen Beweis.

$\tilde{A} =$

		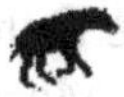	
	$\frac{V-D}{2}$	V	V
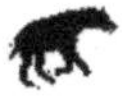	0	$\frac{V}{2}$	V
	0	0	$\frac{V}{2}$

Bild 5.3: Das (permutierte) Löwe-Hyäne-Lamm Spiel

Mit $\tilde{A}$ aus Bild 5.3 erhält man

$$B = \begin{pmatrix} 1 & -1 & 0 \end{pmatrix} \begin{pmatrix} \frac{V-D}{2} & V & V \\ 0 & \frac{V}{2} & V \\ 0 & 0 & \frac{V}{2} \end{pmatrix} \begin{pmatrix} 1 \\ -1 \\ 0 \end{pmatrix} = -\frac{D}{2}. \tag{5.22}$$

B und somit $\frac{1}{2}(B + B')$ ist negativ, somit als skalare Matrix negativdefinit. Dies bestätigt letztlich die evolutionäre Stabilität der Nash-Strategie (5.18).

Für Matrizen $\frac{1}{2}(B + B')$ höherer Dimension bedeutet Negative-Definitheit, dass ihre Hauptminoren vorzeichenmäßig alternieren, angefangen mit dem ersten Hauptminor, der negativ ist. Hauptminoren einer Matrix sind die Determinanten derjenigen Teilmatrizen, die aus der erstgenannten Matrix durch das Streichen der letzten l Zeilen und Spalten, für $l = k - 2, \ldots, 0$, entstehen.

Ein einfallsreiches Verfahren zur Ermittlung aller evolutionär stabiler Strategien eines symmetrisch evolutionären Spiels mit der Fitnessmatrix A wurde von Bomze in [14] entwickelt.

5.3 Replikatoren-Tango

Das im letzten Abschnitt beschriebene Abwägen von Strategien entwirft zum Teil ein verfälschtes Bild des evolutionären Spiels. Das wesentliche Kennzeichen evolutionär stabiler Strategien ist an sich dynamischer Natur. Wir können sie einerseits als Strategien auffassen, die in der Lage sind, das Eindringen von Mutanten im Strategien-Pool erfolgreich abzuwehren. Stellen wir uns andererseits die evolutionäre Entwicklung als ein dynamisches System vor, dass sich stets in die Richtung derjenigen reinen Option bewegt, die eine lokale Fitnesszunahme verspricht, so erweisen sich ESS als Stehaufmännchen der Evolution.

Diese dynamische Sicht identifiziert nunmehr die Komponente p_i der gemischten Strategie p eines symmetrisch evolutionären Spiels mit dem relativen Anteil an Individuen, die in einer Population stets, infolge einer prädominanten genetischen Prägung, die reine Strategie i verwenden. Aus dieser als unendlich postulierten Population von Individuen werden zu jedem Zeitpunkt t zufällig Paare von Kontrahenten ausgewählt und in simultane, den Regeln des evolutionären Spiels entsprechende, Querelen verwickelt, deren Ausgang über die erreichten akkumulierten Fitnesswerte letztlich den Zustandsvektor p der Population von Generation zu Generation stetig verändert.

Definition 5.2 Es sei A die $m \times m$ dimensionale Fitnessmatrix eines symmetrisch evolutionären Spiels, e_i der als Zeilenvektor geschriebenen i-te Einheitsvektor. Das Differentialgleichungssystem:

$$\dot{p}_i = p_i[e_i A p' - p A p']; \quad i = 1, \ldots, m \tag{5.23}$$

wird die *Replikator-Gleichung* des evolutionären Spiels genannt. Jede gemischte Strategie p, für welche die rechte Seite von (5.23) identisch verschwindet, wird als *stationärer Punkt* der Replikator-Gleichung bezeichnet. Ein stationärer Punkt heißt *stabil*,[6] falls alle Lösungen von (5.23), die in seiner Nähe starten, ihren zeitlichen Verlauf in seiner (geeignet definierten) Umgebung verbringen. Streben all diese Lösungen für $t \to \infty$ gegen den stabilen Punkt, so wird er *asymptotisch stabil* genannt.

Da die Komponenten von p stets in Summe 1 ergeben, ist das Gleichungssystem (5.23) überbestimmt. Ersetzt man daher p_m durch $1 - \sum_{j=1}^{m-1} p_j$, kann die vollständige Beschreibung der dynamischen Situation allein durch Bezug auf die ersten $m - 1$ Gleichungen in (5.23) erstellt werden. Die uns bereits vertrauten spieltheoretischen Begriffe besitzen nunmehr ihre eigene dynamischen Entsprechung.

---

[6] Ein stationärer Punkt, der nicht stabil ist, wird als *instabil* bezeichnet.

Satz 5.4 *Jede Nash-Strategie eines symmetrisch evolutionären Spiels mit Fitnessmatrix A ist ein stationärer Punkt der Replikator-Gleichung.*

Beweis. Für alle wesentlichen Strategien i einer Nash-Strategie $\tilde{p}$ des symmetrisch evolutionären Spiels mit Fitnessmatrix A gilt notwendigerweise $p_i > 0$ und (5.10), somit $\dot{p}_i = 0$. Für die restlichen reinen Strategien j, die nicht wesentlich sind, folgt $\dot{p}_j = 0$ unmittelbar aus $p_j = 0$. **q.u.e.d.**

$$A = \begin{array}{|c|c|} \hline a & b \\ \hline c & d \\ \hline \end{array}$$

Bild 5.4: Die 2×2 Fitnessmatrix

Für den Fall eines symmetrisch evolutionären Spiels mit der in Bild 5.4 gegebenen Fitnessmatrix A ist die Replikator-Gleichung durch folgende Differentialgleichung gegeben:

$$
\begin{aligned}
\dot{p}_1 &= p_1[e_1 A p' - p A p'] \\
&= p_1[e_1 A p' - p_1 e_1 A p' - (1 - p_1) e_2 A p'] \\
&= p_1[(1 - p_1) e_1 A p' - (1 - p_1) e_2 A p'] \\
&= p_1(1 - p_1)[e_1 A p' - e_2 A p'] \\
&= p_1(1 - p_1)[(a - c + d - b) p_1 - (d - b)]. \quad (5.24)
\end{aligned}
$$

Satz 5.5 *Ein symmetrisch evolutionäres Spiel, dessen Fitnessmatrix A die in Bild 5.4 angegebene Struktur besitzt, wobei zusätzlich der triviale Fall identischer Zeilen ausgeschlossen ist, besitzt stets eine evolutionär stabile Strategie.*

Beweis. Falls $a > c$ oder (nicht ausschließend) $d > b$ so besitzt die Fitnessmatrix A zumindest eine strikte Nash-Strategie, die somit evolutionär stabil ist.

Falls $a = c$, $b > d$ oder $a < c$, $b = d$ so ist jeweils eine der reinen Strategien eine Nash-Strategie und die andere eine beste Antwort darauf (ohne wesentlich zu sein). Für $a < c$ und $b < d$ existiert eine Nash-Strategie, für die beide reinen Strategien wesentlich sind. Um die evolutionäre Stabilität dieser Nash-Strategien zu testen, ermitteln wir unter Bezug auf (5.20)

$$B = \begin{pmatrix} 1 & -1 \end{pmatrix} \begin{pmatrix} a & b \\ c & d \end{pmatrix} \begin{pmatrix} 1 \\ -1 \end{pmatrix} = (a - c) + (d - b). \quad (5.25)$$

Da B in den beschriebenen Fällen stets eine (strikt) negative reelle Zahl ist, sind die hinreichenden Bedingungen für die evolutionäre Stabilität der untersuchten Nash-Strategien erfüllt. **q.u.e.d.**

Satz 5.6 *Die Replikator-Gleichung eines symmetrisch evolutionären Spiels, dessen Fitnessmatrix A die in Bild 5.4 angegebene Struktur aufweist (wobei zusätzlich der triviale Fall identischer Zeilen ausgeschlossen ist), besitzt stets einen asymptotisch stabilen Punkt.*

Beweis. Aus (5.24) können wir die stationären Punkte $(p_1^1, 1 - p_1^1) = (0, 1)$ und $(p_1^2, 1 - p_1^2) = (1, 0)$ ableiten. Gilt

$$0 \leq \frac{d - b}{a - c + d - b} \leq 1, \quad (5.26)$$

so ist für $d \neq b$ und $a \neq c$

$$(p_1^3, 1 - p_1^3) = (\frac{d - b}{a - c + d - b}, \frac{a - c}{a - c + d - b}) \quad (5.27)$$

ein zusätzlicher stationärer Punkt von (5.24). Für $d = b$ oder $a = c$ ist entweder p_1^1 oder p_1^2 eine doppelte Nullstelle der rechten Seite von (5.24).

Um das lokale Verhalten von Lösungen der Replikatorgleichung (5.24) in einer Umgebung dieser stationären Punkte zu beschreiben, bildet man nun die erste Ableitung von $\dot{p}_1$ nach p_1:

$$
\begin{aligned}
\frac{d\dot{p}_1}{dp_1} = &\ (1-p_1)[(a-c+d-b)p_1 - (d-b)] \\
&- p_1[(a-c+d-b)p_1 - (d-b)] \\
&+ p_1(1-p_1)(a-c+d-b).
\end{aligned}
\tag{5.28}
$$

Setzt man die erste Komponente der bekannten stationären Punkte in (5.28) ein, so erhält man:

$$
\frac{d\dot{p}_1}{dp_1}\bigg|_{p_1=p_1^1} = -(d-b),
\tag{5.29}
$$

$$
\frac{d\dot{p}_1}{dp_1}\bigg|_{p_1=p_1^2} = -(a-c),
\tag{5.30}
$$

$$
\frac{d\dot{p}_1}{dp_1}\bigg|_{p_1=p_1^3} = \frac{(a-c)(d-b)}{a-c+d-b}.
\tag{5.31}
$$

Ist ein dadurch abgeleiteter Wert[7] negativ (positiv), so ist der zugehörige stationäre Punkt zweifellos asymptotisch stabil (instabil). Bei einem Wert gleich 0 muss das lokale Verhalten in der unmittelbaren Nähe des stationären Punktes mit anderen Mitteln beurteilt werden. Wir können nun folgende Fallunterscheidung vornehmen:

1. gilt $a > c$ oder (nicht ausschließend) $d > b$, so sind $(p_1^2, 1-p_1^2)$ oder $(p_1^1, 1-p_1^1)$ jeweils asymptotisch stabile stationäre Punkte, die den reinen evolutionär stabilen Strategien $(1,0)$ oder $(0,1)$ des symmetrisch evolutionären Spiels mit der in Bild 5.4 gegebenen Fitnessmatrix A entsprechen;

---

[7] Im allgemeinen Fall bestimmt man jeweils die Realteile der Eigenwerte der für einen bestimmten stationären Punkt ausgewerteten Jacobi-Matrix des Differentialgleichungssystems (5.23) und stellt fest, ob sie alle positiv (stabiler Fall) oder alle negativ (instabiler Fall) sind.

2. gilt $a < c$ und $d < b$, so ist der stationäre Punkt $(p_1^3, 1 - p_1^3)$ asymptotisch stabil und entspricht der gemischten evolutionär stabilen Strategie $(\frac{d-b}{a-c+d-b}, \frac{a-c}{a-c+d-b})$;

3. gilt $a = c$ und $d < b$ so kann der stationäre Punkt $(p_1^1, 1 - p_1^1)$, unter Verweis auf die zugehörige Gestalt der Replikatorgleichung (5.24)

$$\dot{p}_1 = (b - d)p_1(1 - p_1)^2, \qquad (5.32)$$

als asymptotisch stabil identifiziert werden. Für jeden Anfangswert $0 < p_1 < 1$ strebt die zugehörige Lösungstrajektorie von (5.32) gegen $(p_1^1, 1 - p_1^1)$;

4. gilt $a < c$ und $d = b$ so kann der stationäre Punkt $(p_1^2, 1 - p_1^2)$, unter Verweis auf die zugehörige Gestalt der Replikatorgleichung (5.24)

$$\dot{p}_1 = (a - c)p_1^2(1 - p_1), \qquad (5.33)$$

als asymptotisch stabil identifiziert werden. Für jeden Anfangswert $0 < p_1 < 1$ strebt die zugehörige Lösungstrajektorie von (5.33) gegen $(p_1^2, 1 - p_1^2)$.

q.u.e.d.

In Bild 5.5 sind die drei Nash-Strategien der Hirschjagd-Parabel als stationäre Punkte der Replikator-Gleichung dargestellt. Die zwei reinen Nash-Strategien sind asymptotisch stabile Punkte, während die gemischte Nash-Strategie $(\frac{1}{3}, \frac{2}{3})$ ein instabil stationärer Punkt ist. Sämtliche Lösungstrajektorien, die in einem Punkt $(p_1, 1 - p_1)$ starten, für den $\frac{1}{3} < p_1 < 1$ gilt werden vom asymptotisch stabilen stationären Punkt $(1, 0)$ angezogen, während der Einflussbereich des zweiten asymptotisch stabilen Punktes $(0, 1)$ auf diejenigen Lösungstrajektorien der Replikatorgleichung beschränkt ist, für deren Anfangspunkt $0 < p_1 < \frac{1}{3}$ gilt.

131

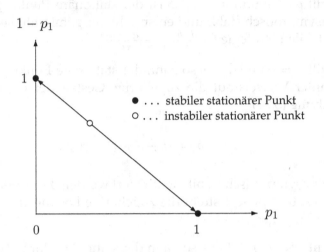

Bild 5.5: Replikatordynamik des Hirschjagd-Spiels

Am anderen Ende der dynamischen Skala ist die Situation in Bild 5.6 angesiedelt. Im Chicken-Spiel erweist sich die einzige Nash-Strategie $(\frac{1}{2}, \frac{1}{2})$ als eindeutiger asymptotisch stabiler Punkt der Replikatorgleichung. Wir sprechen hier von einer globalen Stabilität, da jede Lösungstrajektorie von (5.24), deren Anfangspunkt die Ungleichung $0 < p_1 < 1$ erfüllt, gegen $(\frac{1}{2}, \frac{1}{2})$ strebt.

Die aus den beiden Sätzen 5.5 und 5.6 unmittelbar einsichtige und umkehrbar eindeutige Beziehung zwischen den evolutionär stabilen Strategien eines symmetrisch evolutionären Spiels mit einer 2×2-Fitnessmatrix und den asymptotisch stabilen stationären Punkten der zugehörigen Replikator-Gleichung lässt sich im mehrdimensionalen Fall nur einseitig beobachten.

Satz 5.7 *Jede evolutionär stabile Strategie eines symmetrisch evolutionären Spiels mit Fitnessmatrix A ist ein asymptotisch stabiler stationärer Punkt der zugehörigen Replikatorgleichung.*

Beweis. Für einen eleganten Beweis dieses auf Taylor und Jonker [117] zurückgehenden Ergebnisses verweisen wir auf Hofbauer und Sigmund [54].   **q.u.e.d.**

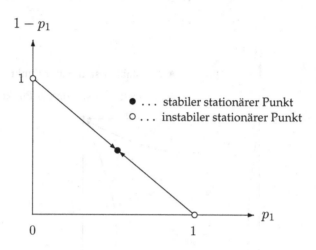

Bild 5.6: Replikatordynamik des Chicken-Spiels

Ein Hauch von Asymmetrie kann sich durchaus auch in einem symmetrisch evolutionären Spiel festsetzen. Es genügt statt einer nunmehr zwei Populationen zu betrachten, wobei die erste für die Auswahl des Zeilenspielers in der evolutionären Auseinandersetzung in Frage kommt, während die Gegenspieler der Spalte stets aus der zweiten Population gezogen werden. Die zugehörige Replikator-Gleichung lässt sich folgendermaßen darstellen:

$$\dot{p}_i = p_i[e_i Aq' - pAq']; \quad i = 1,\ldots,m,$$
$$\dot{q}_j = q_j[e_j Ap' - qAp']; \quad j = 1,\ldots,m. \tag{5.34}$$

Für den Fall zweier Populationen, die das symmetrisch evolutionären Spiel mit der in Bild 5.4 gegebenen Fitnessmatrix A spielen, erhält man folgende reduzierte Replikator-Gleichung:

$$\dot{p}_1 = p_1(1 - p_1)[(a - c + d - b)q_1 - (d - b)],$$
$$\dot{q}_1 = q_1(1 - q_1)[(a - c + d - b)p_1 - (d - b)]. \qquad (5.35)$$

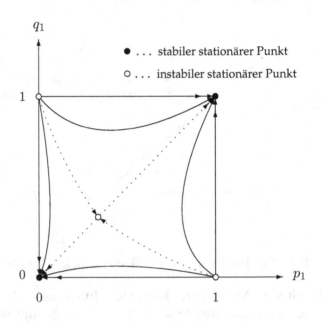

Bild 5.7: Hirschjagd mit zwei Populationen

In Bild 5.7 tauchen wiederum die zwei strikten Nash-Gleichgewichte in der Gestalt asymptotisch stabiler stationärer Punkte der Replikator-Dynamik (5.35) auf. Das (vollständig) gemischte Nash-Gleichgewicht ist als Sattelpunkt[8] identifizierbar.

---

[8] Dies ist dann der Fall, falls für die Eigenwerte ξ_1, ξ_2 der im entsprechenden stationären Punkt ausgewerteten Jacobi-Matrix des Systems (5.35) $\xi_1 \cdot \xi_2 < 0$ gilt.

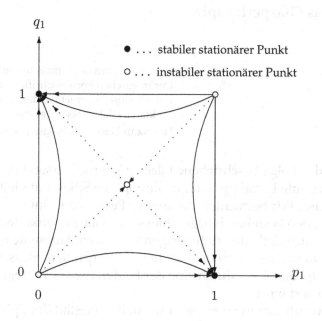

q_1

● ... stabiler stationärer Punkt

○ ... instabiler stationärer Punkt

Bild 5.8: Chicken mit zwei Populationen

Die in Bild 5.8 dargestellte dynamische Situation unterscheidet sich hingegen wesentlich von der Dynamik für den Fall einer Einheitspopulation. Das vormals als global stabil bewertete Nash-Gleichgewicht $((p = \frac{1}{2}, 1 - p = \frac{1}{2}), (q = \frac{1}{2}, 1 - q = \frac{1}{2}))$ ist nunmehr ein Sattelpunkt und die dank der Asymmetrie neu auftauchenden stationären Punkte $((p = 1, 1 - p = 0), (q = 0, 1 - q = 1))$ und $((p = 0, 1 - p = 1), (q = 1, 1 - q = 0))$, die den bekannten strikten, jedoch asymmetrischen, Nash-Gleichgewichten des Chicken-Spiels entsprechen, sind asymptotisch stabil.

Es ist beileibe nicht dem Zufall zu verdanken, dass in den beiden betrachteten Varianten des Hirschjagd- und des Chicken-Spiels nur reine Nash-Strategien asymptotisch stabile Punkte der Replikator-Gleichung sind. Wegen der Asymmetrie können allgemein nur die reinen Strategien asymptotisch stabil sein.

5.4 Das Glasperlenspiel

Wir lassen vom Geheimnis uns erheben
Der magischen Formelschrift, in deren Bann
Das Uferlose, Stürmende, das Leben,
Zu klaren Gleichnissen gerann.
Hermann Hesse Das Glasperlenspiel

Das in der Folge beschriebene Glasperlenspiel[9] ersetzt das uns bereits vertraute Paradigma des evolutionären Spiels auf vielfache Art und Weise. Wir betrachten die soziale Petrischale einer aus endlich vielen Perlen bestehenden, geschlossenen Glasperlenkette. Jede Perle (oder auch Zelle des zugehörigen zellulären Automaten) wird als Individuum (Agent) einer Population interpretiert, dessen Aktion zum Zeitpunkt $t = 1$ durch eine der beiden reinen Strategien 0 oder 1 initialisiert wird.

Die evolutionären Spielregeln werden in Gestalt der Spielmatrix

$$
\begin{array}{c|c|c|}
 & 0 & 1 \\
\hline
0 & a & b \\
\hline
1 & c & d \\
\hline
\end{array}
$$

Bild 5.9: Die Spielmatrix des Glasperlenspiels

vorgegeben, wobei angenommen wird, dass jeder Agent zum Zeitpunkt $t \geq 2$ sein Verhalten im Sinne einer reinen besten Antwort auf das eine Periode zuvor beobachtete durchschnittliche strategische Verhalten seiner unmittelbaren (Perlenketten-)Nachbarn einstellen wird.

---

[9] Der vorliegende Abschnitt enthält einen von Elsevier genehmigten Abdruck von Computers & Operations Research, Vol. 33, Alexander Mehlmann: *Stability and interaction in flatline games*, S. 500-519, © Elsevier Ltd. 2004.

Bezeichnet man mit p_i^t den Anteil der Nachbarn des Agenten i, die zum Zeitpunkt t die reine Strategie 0 verwendet haben, so kann die Auswahl der reinen Strategie β_i^{t+1} des Agenten i zum Zeitpunkt $t + 1$ folgendermaßen bestimmt werden:

$$\beta_i^{t+1} = \begin{cases} 0, & \text{wenn } (a - c)p_i^t > (d - b)(1 - p_i^t), \\ 0, & \text{wenn } (a - c)p_i^t = (d - b)(1 - p_i^t) \text{ und } \beta_i^t = 0, \\ 1, & \text{wenn } (a - c)p_i^t = (d - b)(1 - p_i^t) \text{ und } \beta_i^t = 1, \\ 1, & \text{sonst.} \end{cases} \tag{5.36}$$

Wir können nunmehr die Glasperlenkette als eindimensionalen zellulären Automaten darstellen, dessen Zustand zum Zeitpunkt t einfach durch die Folge $\beta_1^t \beta_2^t \ldots \beta_m^t$ gegeben ist, wobei m stets die Anzahl der Perlen bezeichnet. Die zwei Nachbarn (zur Linken und zur Rechten) der Perle i sind dabei durch

$$\begin{cases} i - 1 \text{ und } i + 1, & \text{wenn } 1 < i < m, \\ m \text{ und } 2, & \text{wenn } i = 1, \\ m - 1 \text{ und } 1, & \text{wenn } i = m, \end{cases} \tag{5.37}$$

gegeben.

In Bild 5.10 werden die Nachbarschaftsverhältnisse anhand einer aus 8 Perlen zusammmengesetzten Glasperlenkette erläutert. Die von uns bevorzugte Darstellungsweise a) sollte in Fragen der Nachbarschaftsverhältnisse stets als c) gelesen werden. Bildausschnitt b) und seine korrekte Lesart d) stellen die – um 3 Perlen im Uhrzeigersinn (oder 5 Perlen im Gegenuhrzeigersinn) verschobene – Glasperlenkette dar, deren Zustände als äquivalent zu den Zuständen der ursprünglichen Kette bewertet werden.

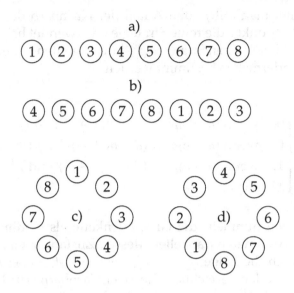

Bild 5.10: Zellulärer Automat Glasperlenkette

Zwei Zustände einer Glasperlenkette sind äquivalent, falls sie durch eine beliebige Rotation der geschlossenen Kette ineinander transformiert werden können. In Bild 5.11 werden äquivalente Zustände der aus 8 Perlen bestehenden Glasperlenkette dargestellt. Die Strategie 0 wird durch die Farbe Weiß dargestellt, während Schwarz die Farbe der Strategie 1 kennzeichnet.

Bezeichnet man in der Tradition des auf Conway zurückgehenden *Game of Life* ([9]) eine Perle oder Zelle, deren Agent die Strategie 0 anwendet, als *tot* und eine Zelle, deren Agent die Strategie 1 verwendet, als *lebendig*, so lässt sich die durch (5.36) und die Spielmatrix in Bild 5.9 definierte Zustandstransformation der Glasperlenkette zu einfachen Regeln reduzieren:

1. Es sei $a > c$ und $(a - c)(d - b) > 0$, dann

    (a) *wird jede tote Zelle genau dann tot bleiben, wenn der Anteil der lebendigen zu toten Nachbarn die Schwelle $(a - c)/(d - b)$ nicht überschreitet;*

    (b) *wird jede lebendige Zelle genau dann am Leben bleiben, wenn der Anteil der toten zu lebendigen Nachbarn die Schwelle $(d - b)/(a - c)$ nicht überschreitet.*

2. Es sei $a < c$ und $(a - c)(d - b) > 0$, dann

    (a) *wird jede tote Zelle genau dann tot bleiben, wenn der Anteil der toten zu lebendigen Nachbarn die Schwelle $(d - b)/(a - c)$ nicht überschreitet;*

    (b) *wird jede lebendige Zelle genau dann am Leben bleiben, wenn der Anteil der lebendigen zu toten Nachbarn die Schwelle $(a - c)/(d - b)$ nicht überschreitet.*

Gilt für die Einträge der Matrix in Bild 5.9 die Gleichung

$$c - a = b - d = v > 0, \tag{5.38}$$

was beispielsweise für das Chicken-Spiel der Fall ist, so lässt sich die im Kasten 5.3, Punkt 2, festgehaltene Transformationsregel des zellulären Automaten für jede mögliche Variante einer toten oder lebendigen Perle, die von teilweise oder gänzlich lebendigen oder toten Perlen zu ihrer Linken oder Rechten flankiert wird, wie folgt darstellen:

$\beta^t_{i-1}\beta^t_i\beta^t_{i+1}$	:	111	110	101	100	011	010	001	000
β^{t+1}_i	:	0	1	0	0	1	1	0	1

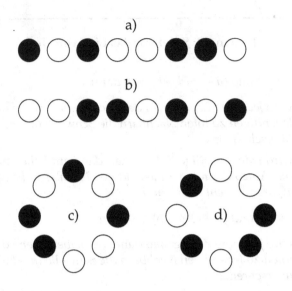

Bild 5.11: Äquivalente Zustände

Unterhalb der mittleren 1 im ersten Tripel von 1-ern befindet sich eine 0. Die zugehörige Transformationsregel kann somit, wie folgt, interpretiert werden: *eine von zwei lebendigen Zellen flankierte lebendige Zelle wird in der nächsten Runde nicht mehr am Leben sein.*

Liest man die untere Zeile der Transformationstabelle als Binärzahl, so ist – im Einklang mit der üblichen Terminologie zellulärer Automaten (Wolfram [124]) – die Transformationsregel durch die Hexadezimalzahl 4D eindeutig festgelegt. Jeder Fixpunkt der Regel 4D wird als stationärer Zustand des Glasperlenspiels mit einer der Bedingung (5.38) genügenden Matrix (hinfort *zelluläres Chicken-Spiel* genannt) bezeichnet.

Hat man einen derartigen Zustand identifiziert, so sind sämtliche dazu äquivalenten Zustände ebenfalls stationär. Die Spiegelung eines stationären Zustandes ist selbstverständlich auch stationär.

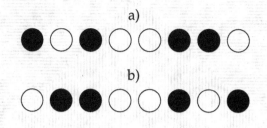

Bild 5.12: Zustand und Spiegelbild

Das zelluläre Chicken-Spiel vermittelt eine andere dynamische Sicht als die stetige Replikator-Gleichung. Statt mit einer potentiell unendlichen Population von Individuen zu hantieren, findet man nun mit endlich vielen Agenten sein Auslangen. Während im Replikator-Fall jedes Individuum auf eine globale Variante des evolutionären Verhaltens zugreifen konnte, entsteht im Glasperlenspiel ein globales Bild der Evolution aus lokalen Brennpunkten der besten Antwort.

Ausgangspunkt dieses evolutionären Vorganges ist die Anfangspopulation – sprich der Anfangszustand des zellulären Automaten. In Bild[10] 5.13 haben wir es in der ersten Zeile mit einem Zustand zu tun, der unter den $m = 228$ Perlen nur eine einzige lebendige Perle enthält. Die folgenden Zeilen stellen die ersten 109 Iterationen der Transformationsregel 4D dar. Dieser evolutionäre Vorgang strebt gegen einen stationären Zustand, der alternierend auf eine lebendige Zelle eine tote folgen lässt – offensichtlich die zelluläre Variante des symmetrischen Nash-Gleichgewichtes im Chicken-(Bi)Matrixpiel, dessen Nash-Strategie sich mit Wahrscheinlichkeit $\frac{1}{2}$ zwischen *Tod* und *Leben* entscheidet.

---

[10] Sämtliche Abbilder des Glasperlenspiels wurden mit Hilfe der Software *Cellabration* von Brian S. Macherone (http://classes.yale.edu/Fractals/MacSoftware/MacSoftware.html) gestaltet.

Bild 5.13: Zelluläres Chicken-Spiel; erstes Szenario

Unter den stationären Zuständen des zellulären Chicken-Spiels gibt es jedoch auch solche, die Blöcke zweier aufeinanderfolgender toter oder lebendiger Zellen enthalten, wie aus den letzten Zeilen identischer Struktur in Bild 5.14 ersichtlich.

Bild 5.14: Zelluläres Chicken-Spiel; zweites Szenario

Ein derartiger stationärer Zustand weist jedoch ein erhebliches Manko auf. Er ist nicht robust genug, um nach einer einseitigen Abweichung einer einzelnen seiner Perlen von ihrem gegenwärtigen Status in endlich vielen Schritten wiederhergestellt zu werden. Stationäre Zustände, die diesen Grad an Robustheit besitzen, werden als *stabil* bezeichnet.

Satz 5.8 *Stationäre und stabile Zustände des zellulären Chicken-Spiels lassen sich wie folgt charakterisieren:*

1. *Kein stationärer Zustand des zellulären Chicken-Spiels enthält mehr als zwei aufeinanderfolgende Perlen, die ihrem strategischen Wert nach übereinstimmen.*

2. *Kein stabiler Zustand des zellulären Chicken-Spiels enthält genau zwei aufeinanderfolgende Perlen, die ihrem strategischen Wert nach übereinstimmen.*

3. *Ein zelluläres Chicken-Spiel mit einer geraden Anzahl $m > 2$ von Perlen besitzt genau zwei stabile Zustände. Es ist dies der Zustand $_{01}s$ mit:*

$$_{01}s_i = \begin{cases} 0 & \text{für } i \text{ ungerade,} \\ 1 & \text{für } i \text{ gerade;} \end{cases} \tag{5.39}$$

und dessen Spiegelbild $_{10}s$ mit:

$$_{10}s_i = \begin{cases} 1 & \text{für } i \text{ ungerade,} \\ 0 & \text{für } i \text{ gerade.} \end{cases} \tag{5.40}$$

4. *Ein zelluläres Chicken-Spiel mit einer ungeraden Anzahl[11] $m > 3$ von Perlen besitzt keine stabilen Zustände.*

---

[11] Selbstverständlich besitzt ein zelluläres Chicken-Spiel mit insgesamt 3 Perlen ebenfalls keine stabilen Zustände. Wir schließen diese Möglichkeit jedoch vor allem deswegen aus, weil eine einseitige Abweichung von einem Zustand alternierender toter und lebendiger Perlen auf ewig zwischen Tod und Leben für alle Perlen kreisen wird.

Beweis. Wir beweisen der Reihe nach:

1. Es sei ein stationärer Zustand des zellulären Chicken-Spiels gegeben, der einen Block von mehr als zwei benachbarten Perlen enthält, die alle den gleichen strategischen Wert aufweisen. Gemäß der Transformationsregel 4D ändern jedoch alle Perlen in der nächsten Runde ihren strategischen Wert, den sie eine Runde zuvor mit ihren Nachbarn zur Linken und zur Rechten gemeinsam haben. Bei einem Block von mehr als zwei aufeinanderfolgenden Perlen gleichen strategischen Wertes, ändert somit zumindest eine Perle ihren strategischen Wert, was im Widerspruch zur postulierten Stationarität des Zustandes steht.

2. Es sei ein stabiler Zustand des zellulären Chicken-Spiels gegeben, der (mindestens) ein Perlenpaar gleichen strategischen Wertes enthält. Wir nehmen nun ohne Beschränkung der Allgemeinheit an, dass sich dieses Paar auf den Positionen 2 und 3 der Glasperlenkette befindet. (Durch Rotation der geschlossenen Perlenkette ist dies ja stets leicht zu bewerkstelligen.) Falls nun die Perle auf Position 4 von ihrem strategischen Wert abweicht, so wächst der Zweierblock gleichen strategischen Wertes über die Positionen 2 und 3 hinaus und kann maximal 5 Perlen enthalten. Gemäß der Transformationsregel 4D werden danach stationäre Zustände erreicht, die stets auf den Stellen 2 und 3 unterschiedliche strategische Werte aufweisen. Der Ausgangszustand kann somit nicht wieder hergestellt werden und ist deshalb nicht stabil.

3. Folgt unmittelbar aus Punkt 2.

4. Jeder Zustand einer Glasperlenkette mit einer ungeraden Anzahl von Perlen enthält mindestens ein Paar Perlen gleichen strategischen Wertes.

q.u.e.d.

144

Bei einer ungeraden Anzahl von Perlen landet der durch die Regel 4D beschriebene Transformationsprozess stets in einem instabilen stationären Zustand. Die Anfangzustände bei gerader Perlenzahl, welche die Konvergenz des Transformationsprozesses zu einem der beiden stabilen Zustände hin garantieren, kann man nun wie folgt angeben.

Satz 5.9 *Die durch die Regel 4D definierte dynamische Transformation für Glasperlenspiele mit einer geraden endlichen Anzahl $m > 2$ von Perlen erreicht (in endlicher Zeit) den stabilen Zustand $_{10}s$ oder dessen Spiegelbild $_{01}s$ dann und nur dann, wenn der Anfangszustand äquivalent zu einem Zustand*

$$_m\sigma^* = \underbrace{0\ldots0}_{m_1}\underbrace{1\ldots1}_{m_2}\ldots\underbrace{0\ldots0}_{m_{r-1}}\underbrace{1\ldots1}_{m_r}, \tag{5.41}$$

ist, mit r gerade, $m_i, i = 1, \ldots r$ ungerade und $\sum_{i=1}^{r} m_i = m$. Dabei gilt:

1. *kann der Anfangszustand aus $_m\sigma^*$ durch eine Drehung (im Uhrzeiger- oder Gegenuhrzeigersinn) entweder*

    (a) auf eine ungerade Stelle in einem Block aus Perlen des Wertes 1, oder

    (b) auf eine gerade Stelle in einem Block aus Perlen des Wertes 0

    abgeleitet werden, so wird der stabile Zustand $_{10}s$ nach $m^* = \max_{i \in \{1,\ldots r\}} \frac{m_i - 1}{2}$ Transformationsschritten erreicht.

2. *kann der Anfangszustand aus $_m\sigma^*$ durch eine Drehung (im Uhrzeiger- oder Gegenuhrzeigersinn) entweder*

    (a) auf eine gerade Stelle in einem Block aus Perlen des Wertes 1, oder

    (b) auf eine ungerade Stelle in einem Block aus Perlen des Wertes 0

    abgeleitet werden, so wird der stabile Zustand $_{01}s$ nach $m^* = \max_{i \in \{1,\ldots r\}} \frac{m_i - 1}{2}$ Transformationsschritten erreicht.

Beweis. Siehe Mehlmann [78] für eine detailierte Ausarbeitung der einzelnen Punkte. **q.u.e.d.**

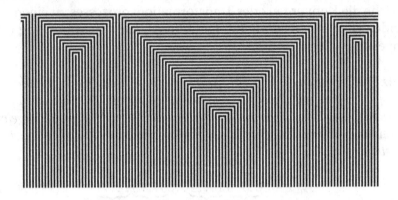

Bild 5.15: Zelluläres Chicken-Spiel; drittes Szenario

In Bild 5.15 startet das zelluläre Chicken-Spiel in einem Anfangszustand, der durch eine Drehung um 6 Perlen im Uhrzeigersinn aus

$$_{228}\sigma^* = 010\underbrace{1\ldots1}_{53}0\underbrace{1\ldots1}_{133}0\underbrace{1\ldots1}_{39}, \tag{5.42}$$

abgeleitet werden kann. Der stabile Zustand $_{01}s$ wird in insgesamt 66 Schritten erreicht.

Gilt für die Einträge der Matrix in Bild 5.9 die Gleichung

$$a - c = v > d - b = w > 0, \tag{5.43}$$

was beispielsweise für unser Hirschjagd-Spiel der Fall ist, so ist die im Kasten 5.3, Punkt 1, angeführte Transformationsregel des zellulären Automaten durch die Hexadezimalzahl A0 gekennzeichnet.

$$\beta_{i-1}^t \beta_i^t \beta_{i+1}^t \quad : \quad 111 \quad 110 \quad 101 \quad 100 \quad 011 \quad 010 \quad 001 \quad 000$$

$$\beta_i^{t+1} \quad : \quad 1 \qquad 0 \qquad 1 \qquad 0 \qquad 0 \qquad 0 \qquad 0 \qquad 0$$

Am Anfang und Ende der vorangehenden Transformationstabelle finden wir bereits den ersten überzeugenden Hinweis auf stationäre Zustände des zellulären Hirschjad-Spiels. Eine Glasperlenkette gerader oder ungerader Perlenzahl, deren Perlen den gleichen Status (tot oder lebendig) aufweisen, wird im Zuge einer Transformation gemäß der Regel A0 niemals ihren Zustand ändern. Doch gibt es andere stationäre Zustände? Und welche stationären Zustände sind letztlich stabil?

Satz 5.10 *Stationäre und stabile Zustände des zellulären Hirschjagd-Spiels mit mindestens* $m = 3$ *Perlen[12] lasen sich wie folgt charakterisieren:*

1. *Ein zelluläres Hirschjagd-Spiel besitzt genau zwei stationäre Zustände. Es ist dies der Zustand* $_0s$ *mit:*

$$_0s_i = 0, \quad \text{für alle } i \tag{5.44}$$

und der Zustand $_1s$ *mit:*

$$_1s_i = 1, \quad \text{für alle } i \tag{5.45}$$

2. *Ein zelluläres Hirschjagd-Spiel mit einer geraden Anzahl von Perlen lässt eine Äquivalenzklasse von Zuständen zu, die den Zustand* $_{01}s$ *mit*

$$_{01}s_i = \begin{cases} 0 & \text{für } i \text{ ungerade,} \\ 1 & \text{für } i \text{ gerade;} \end{cases} \tag{5.46}$$

---

[12] Der Fall $m = 2$ nimmt eine Sonderstellung ein, da er über keinen stabilen Zustand verfügt.

und das dazu äquivalente Spiegelbild $_{10}s$ mit

$$_{10}s_i = \begin{cases} 1 & \text{für } i \text{ ungerade,} \\ 0 & \text{für } i \text{ gerade.} \end{cases} \tag{5.47}$$

enthält. Sobald der Transformationsprozess diese Äquivalenzklasse erreicht, wird er von ihr absorbiert und kreist ohne Unterlass und alternierend zwischen ihren beiden Zuständen.

3. *Ein zelluläres Hirschjagd-Spiel besitzt den Zustand $_0s$, der dem risiko-dominaten strikten Nash-Gleichgewicht des Hirschjagd-(Bi)Matrixspiels entspricht, als eindeutigen stabilen Zustand.*

Beweis. Wir beweisen der Reihe nach:

1. Aus der Regel A0 folgt unmittelbar die Stationarität von $_0s$ und $_1s$. Sollte ein zusätzlicher stationärer Zustand $\hat{s}$ existieren, bedeutet dies, dass er zumindest zwei benachbarte Perlen besitzt, die über einen unterschiedlichen strategischen Wert verfügen. Wegen A0 wird jedoch zumindest eine dieser Perlen nach dem nächsten Transformationsschritt ihren strategischen Wert verändern. Somit kann $\hat{s}$ gar nicht stationär sein.

2. In einem zellulären Hirschjagd-Spiel mit einer ungeraden Anzahl m von Perlen absorbiert der stationäre Zustand $_0s$ den Zustand $_{01}s$ in $\frac{m-1}{2}$ Schritten und den Zustand $_{10}s$ in $\frac{m-1}{2} + 1$ Schritten. Bei einer geraden Anzahl m von Perlen erhält man aus $_{01}s$ in einem Schritt $_{10}s$ und *viceversa*.

3. Erwacht eine beliebige einzelne Perle aus dem im Zustand $_0s$ verharrenden Glasperlenkranz wunderbarerweise zu neuem Leben, so wird gemäß A0 im nächsten Transformationsschritt wiederum die Grabesruhe hergestellt. Der stationäre Zustand $_0s$ erweist sich somit als stabil. Um die Eindeutigkeit des stabilen Zustandes $_0s$ zu beweisen, genügt es den Tod einer einzelnen Perle im stationären Zustand $_1s$ des zellulären Hirschjagdspiels zuzulassen. Der enstehende Zustand ist äquivalent

zu $01\ldots 1$, wobei der 1-er Block aus $m-1$ Elementen besteht. Es sei nun k die größte ganze Zahl für die $2k \leq m-1$ gilt. Nach k-facher Anwendung der Regel A0 erreicht man von $01\ldots 1$ ausgehend den Zustand

für k gerade und

$$\underbrace{01\ldots 01}_{k}\ \underbrace{1\ldots 1}_{m-2k-1}\ \underbrace{01\ldots 01}_{k} \tag{5.48}$$

für k gerade und

$$\underbrace{10\ldots 10}_{k+1}\ \underbrace{1\ldots 1}_{m-2k-1}\ \underbrace{10\ldots 10}_{k-1} \tag{5.49}$$

für k ungerade.

Falls die Perlenkette aus einer geraden Anzahl m von Perlen besteht, gilt offensichtlich $m-2k-1 = 1$ und die Zustände (5.48) und (5.49) sind durch $_{01}s$, beziehungsweise $_{10}s$, gegeben. Durch das Abweichen der einzelnen Perle vom strategischen Wert 1 wird somit die in Satz 5.10, Punkt 2, beschriebene Äquivalenzklasse erreicht. Ist m ungerade, so gilt $m-2k-1 = 0$ und beide Zustände (5.48) und (5.49) enthalten einen Mittelblock zweier toter Perlen.

Zustände, die über einen Block von mindestens zwei aufeinaderfolgender toter Perlen vefügen, streben jedoch gemäß Regel A0 in endlicher Zeit gegen den stabilen Zustand $_0s$. Da für beliebiges m der stationäre Zustand $_1s$ nach einem erfolgten Abweichen einer einzelnen Perle vom strategischen Wert 1 im Zuge der Transformation nicht wiederhergestellt werden kann, ist die Eindeutigkeit des stabilen Zustandes $_0s$ bewiesen.

q.u.e.d.

Das zelluläre Hirschjad-Spiel kann – im Unterschied zum dynamischen Ansatz der Replikator-Gleichung (in stetiger Zeit) – das Problem der Gleichgewichtsauswahl im Hirschjagd-(Bi)Matrixspiel überzeugend (und für den Fall einer ungeraden Perlenanzahl auch eindeutig) lösen.

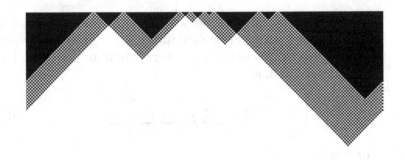

Bild 5.16: Zelluläres Hirschjagd-Spiel; erstes Szenario

Satz 5.11 *Es sei eine aus mindestens* $m = 3$ *Perlen bestehende Glasperlenkette als Spielfeld für das zelluläre Hirschjagd-Spiel gegeben. Dann gilt:*

1. *Ist* m *ungerade und der Anfangszustand der Kette nicht stationär, so erreicht der durch die Regel A0 definierte Transformationsprozess in endlich vielen Schritten den stabilen Zustand* $_0s$.

2. *Ist* m *gerade und der Anfangszustand der Perlenkette weder stationär noch äquivalent zum Zustand*

$$_m\hat{\sigma} = 0\underbrace{1\ldots1}_{m_1}0\underbrace{1\ldots1}_{m_2}\ldots0\underbrace{1\ldots1}_{m_{r-1}}0\underbrace{1\ldots1}_{m_r}, \qquad (5.50)$$

mit $1 \leq r \leq \frac{m}{2}$, m_i *ungerade für* $i = 1, \ldots r$ *und* $\sum_{i=1}^{r} m_i = m - r$, *so erreicht der durch die Regel A0 definierte Transformationsprozess in endlich vielen Schritten den stabilen Zustand* $_0s$.

3. *Ist* m *gerade und der Anfangszustand der Perlenkette nicht stationär, jedoch äquivalent zum Zustand (5.50) mit* $1 \leq r \leq \frac{m}{2}$, m_i *ungerade für* $i = 1, \ldots r$ *und* $\sum_{i=1}^{r} m_i = m - r$, *so wird der durch die Regel A0 definierte dynamische Transformationsprozess in endlich vielen Schritten von der aus den beiden Zuständen* $_{01}s$ *und* $_{10}s$ *gebildeten Äquivalenzklasse absorbiert und kreist danach ohne Unterlass und alternierend zwischen ihren beiden Zuständen.*

150

Beweis. Jeder Zustand, der einen Block mindestens zweier aufeinanderfolgender toter Perlen enthält, wird unter der Regel A0 in endlich vielen Schritten in den stabilen Zustand $_0s$ transformiert. Wir betrachten in der Folge somit nur nichtstationäre Anfangszustände, die äquivalent zum Zustand

$$0\underbrace{1...1}_{m_1}0\underbrace{1...1}_{m_2}...0\underbrace{1...1}_{m_{r-1}}0\underbrace{1...1}_{m_r}, \qquad (5.51)$$

mit $1 \leq r \leq [\frac{m}{2}]^{13}$ und $\sum_{i=1}^{r} m_i = m - r$ sind. Ist nun mindestens ein m_i gerade, so kann leicht gezeigt werden, dass der durch die Regel A0 definierte Transformationsprozess nach endlich vielen Schritten den stabilen Zustand $_0s$ erreicht.

1. Es sei nun die Perlenzahl in der Kette eine ungerade Zahl. Für eine gerade (ungerade) Anzahl r von isolierten toten Perlen, müsste $m - r$ somit ungerade (gerade) sein. Sollten nun sämtliche m_i ungerade sein, so folgt daraus unmittelbar, dass deren Summe gerade (ungerade) für r gerade (ungerade) ist. Die Gleichung

$$m - r = \sum_{i=1}^{r} m_i \qquad (5.52)$$

wird jedoch nur dann erfüllt sein, wenn es eine Teilmenge

$$\{m_{j_1}, ... m_{j_t}\} \subset \{m_1, ... m_r\}, \qquad (5.53)$$

mit $t \geq 1$ ungerade gibt, so dass jedes m_{j_l}; $l = 1, ... t$ eine gerade Zahl ist. Ist das Spielfeld für unser zelluläres Hirschjagd-Spiel eine Kette mit einer ungeraden Anzahl von Perlen, so landet folglich jeder nichtstationäre Zustand im stabilen Zustand $_0s$.

---

[13] Unter $[\frac{m}{2}]$ versteht man die größte ganze Zahl, die $\frac{m}{2}$ nicht überschreitet.

2. Ist die Anzahl der Perlen unserer Glasperlenkette gerade, der nichtstationäre Anfangszustand jedoch nicht äquivalent zu

$$_m\hat{\sigma} = 0\underbrace{1\ldots1}_{m_1}0\underbrace{1\ldots1}_{m_2}\ldots0\underbrace{1\ldots1}_{m_{r-1}}0\underbrace{1\ldots1}_{m_r},$$

mit $1 \leq r \leq \frac{m}{2}$, m_i ungerade für $i = 1, \ldots r$ und $\sum_{i=1}^{r} m_i = m - r$, so gibt es nur zwei Möglichkeiten. Entweder enthält der Anfangszustand einen Block aus mindestens zwei toten aufeinanderfolgenden Perlen, oder er ist äquivalent zum Zustand (5.51), wobei zumindest ein m_i mit $i \in \{1, \ldots, r\}$ gerade ist (siehe Bild 5.16 für ein derartiges Szenario). In beiden Fällen erreicht der durch die Regel A0 definierte Transformationsprozess in endlich vielen Schritten den stabilen Zustand $_0s$.

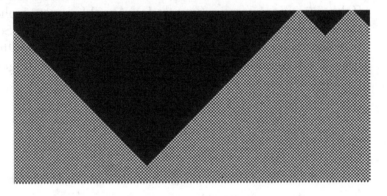

Bild 5.17: Zelluläres Hirschjagd-Spiel; zweites Szenario

3. Ist die Anzahl der Perlen unserer Glasperlenkette gerade und der nichtstationäre Anfangszustand äquivalent zu

$$_m\hat{\sigma} = 0\underbrace{1\ldots1}_{m_1}0\underbrace{1\ldots1}_{m_2}\ldots0\underbrace{1\ldots1}_{m_{r-1}}0\underbrace{1\ldots1}_{m_r},$$

mit $1 \leq r \leq \frac{m}{2}$, m_i ungerade für $i = 1, \ldots r$ und $\sum_{i=1}^{r} m_i = m - r$, so kann anhand der im Beweis des Satzes 5.10 untersuchten Transformationen der Blöcke (5.48) und (5.49) gezeigt werden, dass der durch die Regel A0 definierte dynamische Transformationsprozess nach genau

$$k^\star := max_{i \in \{1, \ldots r\}} \frac{m_i - 1}{2} \qquad (5.54)$$

Schritten einen Zustand der aus $_{01}s$ und $_{10}s$ bestehenden Äquivalenzklasse erreicht, um danach ständig zwischen diesen Zuständen hin und her zu pendeln. In Bild 5.17 ist ein derartiges Szenario dargestellt.

q.u.e.d.

Das Glasperlenspiel hat sich auf Grund seiner strukturellen Eigenschaften als durchaus geeignet zur Beschreibung und Analyse adaptiver Prozesse evolutionärer Spiele erwiesen, deren Protagonisten beschränkt rationale und kurzsichtig handelnde Agenten sind. Der Verlust an mathematischer Eleganz, der allgemein der diskreten Modellformulierung nachgesagt wird, wurde durch die eindeutige Lösung der Gleichgewichtsauswahl im zellulären Hirschjagd-Spiel bei weitem wettgemacht.

Anmerkungen zu Kapitel 5

Für weiterführende Literatur zur evolutionären Spieltheorie wird auf das Standardwerk von Hofbauer und Sigmund [54] und auf Bomzes [13] Klassifikation evolutionärer Spiele verwiesen. Bomze [15] hat wesentliche Resultate zu allgemeineren Konzepten der evolutionären Stabilität erzielt.

Asymmetrische evolutionäre Spiele werden in Weibull [123] und van Damme [31], Fragen der evolutionären Gleichgewichtsauswahl in Samuelson [108] behandelt. Eine Analyse der Dynamik extensiver evolutionärer Spiele erfolgt in Cressman [30].

Kapitel 6
Wiederholungen
oder
Die Kunst es nochmals zu spielen

Blackadder : It's the same plan that we used last time, and the seventeen times before that.

Melchett : E-E-Exactly! And that is what so brilliant about it! We will catch the watchful Hun totally off guard! Doing precisely what we have done eighteen times before is exactly the last thing they'll expect us to do this time!

Richard Curtis & Ben Elton. Black Adder goes forth: Captain Cook

6.1 Das Gefangenendilemma

Ist die Spieltheorie ein Tummelplatz für Binsenwahrheiten? Auf den ersten Blick ist man versucht, diesem Eindruck nachzugeben. Die Rezeption der allgegenwärtigen Tucker'schen Anekdote hat zumindest das rhetorische Repertoire professioneller Schaumschläger um eine zusätzliche Trumpfkarte bereichert. Die Welt, die bislang nur rund war, ist nun "kein Nullsummenspiel" mehr, und alles, was da kreucht und fleucht, ist samt und sonders dem Gefangenendilemma ausgeliefert.

Wir begeben uns in der Folge auf die verspielte Suche nach einem Paradigma für Situationen, in denen die Versuchung, den Gegner zu täuschen, über die Bereitschaft, ihm Vertrauen entgegenzubringen, triumphiert.

An einem schönen Maientag des Jahres 1950 hatte sich Albert W. Tucker die beschwerliche Aufgabe gestellt, Stanforder Psychologen in die Geheimnisse der aufstrebenden Disziplin namens Spieltheorie einzuweihen.

Das Einzige, was er dem fachfremden Auditorium mit reinem Gewissen präsentieren konnte, war ein seltsames experimentelles Spiel, in das ihn Kollegen (wie er selbst Konsulenten bei RAND) eingeweiht. Merill Flood und Melvin Dresher hatten zum höheren Ruhm der Wissenschaft zwei unschuldige menschliche Versuchskaninchen in eine 100-Runden-Schlacht um lächerliche Centbeträge gehetzt. Im Verlauf dieser legendären Auseinandersetzung nahmen die bedauernswürdigen Kombattanten Entwicklungen vorweg, die fast für den Zeitraum eines halben Jahrhunderts das Gesicht der Spieltheorie prägen sollten. Im wiederholten Wechselspiel aus Kooperation, Treuebruch, Vergeltung und Vergebung kristallisierte sich im statistischen Mittel ein eigenartiges Ergebnis: die Tendenz zur fortgesetzten Zusammenarbeit, die im krassen Widerspruch zur allseits erwarteten Lösung – dem Nash-Gleichgewicht – stand.

Tucker hatte wohl zurecht vermutet, dass dieses Verhalten nur dem interaktiv-dynamischen Charakter des (wiederholten) Spiels zuzurechnen war. Er schränkte den Zeitrahmen auf eine singuläre Konfrontation ein und rückte hiermit die Gültigkeit der Theorie seines Lieblingsschülers Nash wieder ins Lot. Seine nächste Änderung bewirkte jedoch etwas Entscheidenderes; sie verwandelte ein rein schematisches Spiel in den lebendigen Mythos des Gefangenendilemmas.

In einer Art stillen Post wurde die Tucker'sche Anekdote von Lehrbuch zu Lehrbuch weitergereicht. Eine ehrenwerte Tradition, die wir in der Folge vorerst in bekannt prosaischer Weise fortsetzen, um sie danach um einen grotesken lyrischen Ansatz zu erweitern.

Al und Capone werden nach einem missglückten Banküberfall geschnappt und in verschiedenen Zellen untergebracht. Der Staatsanwalt kann beiden, so sie ungeständig bleiben, nur verbotenen Waffenbesitz nachweisen, was letztlich nur ein Strafmaß von drei Jahren ergibt. Falls einer der beiden standhaft bleibt, der andere

jedoch gesteht, so wird der Geständige, als Zeuge der Anklage, ein
Jahr ausfassen, sein Stehvermögen beweisender Partner jedoch neun
Jahre. Gestehen beide, so müssen sie sieben Jahre absitzen. Vor diese
Wahl gestellt, wie werden sie sich da wohl verhalten?

Kasten 6.1: Das Gefangenendilemma

Al vernadert den Capone
Und kriegt bloß ein Jahr zum Lohne,
Doch nur dann, wenn dieser Wicht
Von Capone selbst hält dicht
*(Und dann insgesamt **neun** Jahr'*
Denkt, dass ER der Dödel war.)

Hat man simultan gestanden,
*Kommen **sieben** Jahr' abhanden;*
Gilt für beide stets Omerta,
*Schließt **drei** Jahr' sie ein der Wärter.*

Ein Dilemma ist der Fall
Für Capone und für Al.

In Bild 6.1 sind die Strafen als negative Auszahlungen umgesetzt.
Da es jedoch bekanntlich weder auf den Ursprung der Nutzenskala
noch auf die Größe der verwendeten Nutzeneinheit ankommt, kann
man somit zu allen Werten 7 Einheiten hinzufügen und danach die
entstandenen Werte durch 4 dividieren. Die Eigenschaften des Spiels
werden dadurch nicht verändert.

Die in Bild 6.2 dargestellte Spielmatrix kann mit Fug und Recht
als die „Mutter aller Gefangenendilemmas" angesehen werden. $-d$
bezeichnet des Dödels Lohn (eine zugegebenermaßen unbeholfene
Übersetzung des englischsprachigen: *sucker's payoff*), wogegen v für
den Lohn des Verräters steht. Für die in Tuckers Anekdote erwähn-
ten Strafen erhält man nach der vorgeschlagenen positiv-linearen
Transformation: $d = 1/2$ und $v = 3/2$.

157

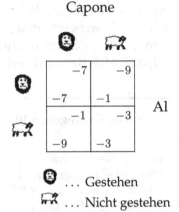

Capone

@ ... Gestehen

🐏 ... Nicht gestehen

Bild 6.1: Tuckers Anekdote als Bimatrixspiel

Man beachte, dass beide Spieler nicht kommunizieren können (es gibt keine Möglichkeiten Kassiber von Zelle zu Zelle zu schmuggeln), und es deswegen für jeden Spieler mehr als zweifelhaft ist, ob sich der andere der Aussage entschlagen wird. In der Sprache der Spieltheorie heißt dies, dass es weder einen Informationsaustausch noch verläßlich bindende Vereinbarungen zwischen den Spielern geben kann.

Die Bimatrix des Gefangenendilemmas besitzt bekanntlich ein eindeutiges Nash-Gleichgewicht. Nimmt man nämlich an, dass Al gesteht, so wäre es für Capone purer Wahnsinn nicht zu gestehen, da er in diesem Fall seinen Nutzen von 0 auf $-d$, des Dödels Lohn vermindert. Das gleiche Argument lässt sich für Capone vorbringen. Es gibt jedoch einen Spielausgang, der beiden Spielern mehr als das Gleichgewicht einbringen würde. Falls nämlich beide nicht gestehen, könnten sie ihren Gewinn von 0 auf 1 erhöhen. Unglücklicherweise erreicht man mit dieser Spielweise kein Gleichgewicht. Gesteht Al nämlich nicht, so würde Capone sofort gestehen, da dies seinen Gewinn von 1 auf v, des Verräters Lohn, erhöhen würde. Obwohl somit die kooperative Spielweise des Nichtgestehens das Gleichgewicht wertmäßig dominiert, kann die nichtkooperative

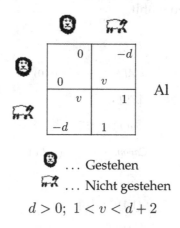

Capone

	0	−d	
0	v		
v	1		Al
−d	1		

@ ... Gestehen

☙ ... Nicht gestehen

$d > 0;\ 1 < v < d + 2$

Bild 6.2: Die Mutter aller Gefangenendilemmas

Theorie des Normalformspiels diesen Spielausgang nicht als Lösung des Gefangenendilemmas auswählen.

Dieser Umstand ist, auf missverständliche Weise, als Manko der Lösungstheorie für Nichtnullsummenspiele in Normalform bezeichnet worden. Rezepte, die diesen Defekt beseitigen, werden in den folgenden Abschnitten vorgestellt.

6.2 Weitsichtige Gleichgewichte

In Verallgemeinerung des *nicht-kurzsichtigen Gleichgewichtes* (Brams und Wittman [20]) schlägt Kilgour [63] folgende Vorgangsweise vor. Um die Rationalität seiner Strategienauswahl zu überprüfen, spielt jeder Spieler (nur in Gedanken) extensive Spiele durch, die ein Abweichen von einem gegebenen Spielausgang zulassen. Nehmen wir nunmehr an, dass Al den Spielausgang *(Gestehen,Gestehen)*, den wir in der Folge (der Einfachheit halber) nur durch die zugehörige

159

Spielausgangsbewertung (0,0) identifizieren, als Ausgangspunkt seiner Überlegungen wählt.

$$(0,0) \quad [B]$$

$$Al \quad \longrightarrow \quad (0,0)$$

$$[Z] \downarrow$$

$$(-d,v) \quad [B]$$

$$Capone \quad \longrightarrow \quad (-d,v)$$

$$[Z] \downarrow$$

$$(1,1) \quad [B]$$

$$Al \quad \longrightarrow \quad (1,1)$$

$$[Z] \downarrow$$

$$(v,-d)$$

Bild 6.3: Al's Züge aus dem Zustand (0,0)

Al sieht sich als erster Spieler, der Zugrecht in einem extensiven Spiel hat, das folgendermaßen abläuft. Er hat zwei Möglichkeiten [Z]: vom Spielausgang (0,0) wegziehen, oder [B]: im Spielausgang (0,0) bleiben.

Entscheidet sich Al für [Z], so ist der neue Spielausgang durch $(-d,v)$ gegeben (da Al sich nur in der gleichen Spalte der Bimatrix weiterbewegen kann), und Capone steht vor der Aufgabe, sich entweder mit $(-d,v)$ zufrieden zu geben, oder wegzuziehen (indem er sich zum nächsten Spielausgang weiterbewegt, der sich die Zeile mit $(-d,v)$ teilt).

Wir wollen nunmehr diese extensiven Spiele zeitlich begrenzen, indem wir annehmen, dass nach der k-ten Entscheidung [Z] der Spielbaum des extensiven Spiels abgeschnitten wird. Das Spiel ist

160

ebenfalls zu Ende falls sich ein am Zug befindlicher Spieler für das Bleiben entscheidet.

$$(1,1) \quad [B]$$

$$Al \quad \not\longmapsto \quad (1,1)$$

$$[Z] \downarrow$$

$$(v,-d)$$

Bild 6.4: Al's letzter Zug

Für den Spezialfall $k = 3$ haben wir den Spielbaum des extensiven Spiels, das Al's Entscheidungen bezüglich des Zustandes $(0,0)$ beschreibt, in Bild 6.3 dargestellt.

$$(-d,v) \quad [B]$$

$$Capone \quad \longrightarrow \quad (-d,v)$$

$$[Z] \not\downarrow$$

$$(1,1) \quad [B]$$

$$Al \quad \not\longmapsto \quad (1,1)$$

$$[Z] \downarrow$$

$$(v,-d)$$

Bild 6.5: Capone ist am Zug

Dieses extensive Spiel kann mittels Rückwärtsrechnung relativ leicht gelöst werden. Wir beginnen beim letzten am Zug befindlichen Spieler und entscheiden uns für denjenigen seiner Züge, der ihm offensichtlich mehr Profit einbringt. In unserem Beispiel ist dies

Al, der sich für $[Z]$ entscheiden sollte. Somit ist Zug $[B]$ zu entwerten. Dies erfolgt, wie in Bild 6.4 gezeigt, durch Durchstreichen. Auf der vorletzten Stufe ist Capone am Zug (Bild 6.5). Wählt Capone $[B]$, so kann er mit einer Auszahlung v rechnen; wählt er hingegen $[Z]$ so blüht ihm Dödels Lohn $-d$, da Al's Entscheidung auf der letzten Stufe durch $[Z]$ festgelegt ist. Somit wird Capone $[B]$ wählen, und wir streichen den verbleibenden Ast des Spielbaumes.

Wir sind nunmehr am Beginn angelangt und können Al durchaus die Auszahlung 0 zusichern, falls er sich für $[B]$ entscheidet; zieht er hingegen $[Z]$ vor, erreicht er nur den Wert $-d$. Somit ergibt sich für $k = 3$ folgende Entscheidung

$$(0,0) \quad [B]$$

$$Al \quad \longrightarrow \quad (0,0)$$

$$[Z] \; \not\downarrow$$

$$(-d,v) \quad [B]$$

$$Capone \quad \longrightarrow \quad (-d,v)$$

$$[Z] \; \not\downarrow$$

$$(1,1) \quad [B]$$

$$Al \quad \not\longrightarrow \quad (1,1)$$

$$[Z] \; \downarrow$$

$$(v, -d)$$

Bild 6.6: Al's Entscheidung

Al bleibt in $(0,0)$. Diese Entscheidung wird sich auch nicht ändern, falls die Anzahl der Züge (d.h. k) erhöht wird. Hat Capone als erster Spieler Zugrecht, votiert er ebenfalls für ein Verbleiben in $(0,0)$.

Falls wir für einen gegebenen Spielausgang und für beide Spieler stets eine natürliche Zahl l erhalten, so dass die Spielbaumanalyse für alle $k \geq l$ ein Verbleiben im Spielausgang empfiehlt, so wollen wir von einem *weitsichtigen* Gleichgewichtspunkt sprechen.

Um festzustellen, ob $(0,0)$ das einzige weitsichtige Gleichgewicht im Gefangenendilemma ist, muss die Analyse für die restlichen Spielausgänge wiederholt werden.

$$(1,1) \quad [B]$$
$$Al \quad \longrightarrow \quad (1,1)$$
$$[Z] \not\downarrow$$
$$(v, -d) \quad [B]$$
$$Capone \quad \not\longmapsto \quad (v, -d)$$
$$[Z] \downarrow$$
$$(0,0) \quad [B]$$
$$Al \quad \longrightarrow \quad (0,0)$$
$$[Z] \not\downarrow$$
$$(-d,v) \quad \dots$$
$$\vdots$$

Bild 6.7: Al bleibt im Zustand $(1,1)$

Da das Spiel symmetrisch ist, ergeben sich in $(1,1)$ für beide Spieler identische Entscheidungsabläufe. Nach dem zweiten Zug wird ein Spielbaum erreicht, der bereits analysiert wurde.

$(1,1)$ ist ebenfalls ein weitsichtiger Gleichgewichtspunkt. Da er den weitsichtigen Spielausgang $(0,0)$ wertmäßig dominiert, kann er somit als einzige (weitsichtige) Lösung des Gefangenendilemmas ins Auge gefasst werden. Wie lassen sich die beiden restlichen Spiel-

163

ausgänge bewerten? Al würde in $(v, -d)$ verbleiben; Capone jedoch lieber aus $(v, -d)$ wegziehen. Für den Ausgangszustand $(-d, v)$ ist es genau umgekehrt. Somit sind beide Spielausgänge nicht weitsichtig.

6.3 Das Turnier der Automaten

Axelrod [8] analysiert einen interesanten Ansatz zur Auflösung des Gefangenendilemmas, der darin besteht, eine Wiederholung des Spiels zuzulassen. Mathematisch bedeutet dies, dass es eine positive Zahl δ^{n-1} gibt, die für die Wahrscheinlichkeit steht, dass Al und Capone zum n-ten Male in die gleiche (schlimme) Lage geraten.

Ist dies der Fall, so können sie jedoch alle ihre Erfahrungen aus vergangenen Spielrunden in den Entscheidungsprozess einbringen und somit Strategien entwickeln, die darauf beruhen.

Es erfolgt somit eine Rückbesinnung auf die ursprüngliche Quelle des Gefangenendilemmas. Statt in einem statischen Spiel vor zwei Alternativen zu stehen, hat Al nunmehr mit einem Gedächtnis versehene Strategien für ein Spiel zur Verfügung, das (bei einem strikt positiven δ) nie enden wird.

Um sich einen Überblick über geeignete Strategien zu verschaffen, die in der Lage sind, Kooperation als wünschenswertes Ziel im Gefangenendilemma darzustellen, hat Axelrod ein Computer-Turnier[1] für Strategien ausgeschrieben.

Strategien, die als Programme eingeschickt wurden, erhielten die Gelegenheit gegen sich selbst und gegen jede andere anzutreten. Gewinner sollte diejenige Strategie sein, die aus sämtlichen Treffen mit einer Höchstzahl erreichter Punkte hervorgehen würde.

---

[1] Die Wege zum Ruhm sind manchesmal verschlungen, öfter jedoch seltsam. Axelrod ist wohl der erste moderne Ritter der Wissenschaft, der es über ein Turnier geschafft hat.

Die Anzahl der Iterationen des einstufigen Dilemmas, die für ein einfaches Gefecht vorgesehen war, wurde allen Teilnehmern verschwiegen. Während Axelrod anfänglich den Teilnehmern an seinem Turnier 200 Runden in Aussicht stellte, trimmte er schließlich den Zweikampf auf ein unendlich oft wiederholbares Spiel hin. Um etwaige Proteste über diese Regeländerung abzuwürgen, sorgte er jedoch dafür, dass zumindest die erwartete Anzahl der Wiederholungen der ursprünglich vorgegebenen Rundenzahl entsprach.

Kasten 6.2: Die Lehren des Axelrod-Turniers

Das Axelrod-Turnier ist aus vielerlei Gründen beispielhaft. Es zeigt auf,

*) *wie in einem Spiel (durch das Prinzip der Wiederholbarkeit) Lernverhalten und Gedächtnis entstehen kann,*

*) *wie Strategien, als eine Art automatische Stellvertreter, selbst in einem unendlich oft wiederholten Spiel nur eine auf endlich viele Umweltzustände basierte Information benötigen, um erfolgreich zu reagieren,*

*) *dass – wie Max Merkel, der Prophet des runden Leders, durchaus richtig bemerkt hat – „Taktik" genau das „ist", „was einen der Gegner spielen lässt",*

*) *dass Erfolg von Anzahl und Art der Gegenstrategien im evolutionären Sinne abhängt.*

TitForTat (Wie du mir, so ich dir), eine Strategie, die von Rapoport eingeschickt wurde, errang trotz ihrer Einfachheit den Sieg. Ihr strategisches Programm lässt sich wie folgt verbal festlegen: *Kooperiere in der ersten Runde (d.h. nicht gestehen), in jeder weiteren tue genau das, was dein Gegner in der Runde zuvor gemacht hat.*

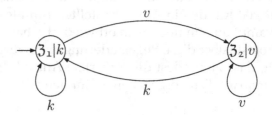

Bild 6.8: *TitForTat* als Automat

Nun sagt ja bekanntlich ein Bild mehr als tausend Worte. Aus diesem Grunde haben wir uns für folgende anschaulichere (wenn auch mathematisch anspruchsvollere) Beschreibung der *TitForTat*- und anderer Strategien entschieden, die wir Rubinstein [103] verdanken.

Dem mit einem Eingangspfeil markierten Anfangszustand $\mathfrak{z}_1$ des *TitForTat*-Automaten wird das strategische Verhalten des Spielers in der ersten Spielrunde zugeordnet: die Kooperation – symbolisiert durch den Knoteneintrag $\mathfrak{z}_1|k$. Zustandsübergänge, die durch gerichtete Pfeile dargestellt werden, werden durch die gegnerische Aktion in der vorangegangenen Spielrunde ausgelöst und legen das Verhalten des Spielers in der nächsten Spielrunde fest.

Die zur Verfügung stehende Information ist hierbei entweder v (Gegner hat gestanden) oder k (Gegner hat nicht gestanden). Der Spieler hat nun in Gestalt des endlichen Automaten den idealen Stellvertreter für die Teilnahme am Computerturnier gefunden.

Definition 6.1 i sei ein Spieler in der unendlichen Wiederholung des endlichen Zweipersonen Normalform-Spiels $(S_1 \times S_2, u)$. Ein endlicher Automat, der für diesen Spieler die Strategien im wiederholten Spiel implementiert, besteht aus:

∗) einer endlichen Menge $^i\mathfrak{Z}$ von Zuständen, die durch die Knoten eines Graphen dargestellt werden können,

∗) einem eindeutig definierten Anfangszustand $^i\mathfrak{Z}_1 \in {^i\mathfrak{Z}}$,

∗) einer Funktion $\phi^i : {^i\mathfrak{Z}} \to S_i$, die jedem Zustand des Automaten eine Aktion aus S_i zuordnet,

∗) einer Funktion $t^i : {^i\mathfrak{Z}} \times S_1 \times S_2 \to {^i\mathfrak{Z}}$, die für jeden Zustand $^i\mathfrak{Z}_{\mathfrak{l}}$ und jede Aktion s_j des Spielers j, für $j \neq i$, einen Folgezustand $^i\mathfrak{Z}_{\mathfrak{k}}$ definiert.

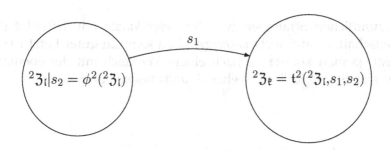

Bild 6.9: Der Zustandsübergang im Automat des Spielers 2

Niemand vermag es besser als Meinungsforscher und Meteorologen, die Gründe für das Eintreffen eines nicht vorausgesagten Ereignisses darzulegen. Axelrod bewies zumindest ähnliche Nehmerqualitäten, als er in seiner Manöverbesprechung an *TitForTat* einige (im nachhinein) unverkennbare Siegermerkmale entdeckte. Das erste dieser Kennzeichen war die *Klarheit*, wobei in diesem Zusammenhang eher die *(Wieder-)Erkennbarkeit* durch Gegner bemerkenswert scheint. Im Gegensatz zum gemeinen *MeanTitForTat* ist *TitForTat freundlich*, da es in der ersten Runde stets dicht hält.

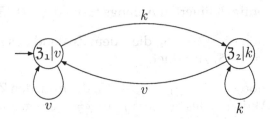

Bild 6.10: *MeanTitForTat* als Automat

Freundlichen Strategien wie der *LeberWurst*[2] hat *TitForTat* die Eigenschaft voraus, *nicht nachtragend* zu sein. Zu guter Letzt ist sie *reizbar*, ja man könnte sie nach einem Vergleich mit der ebenfalls reizbaren Strategie *TforTwo* eher als *aufbrausend* bezeichnen.

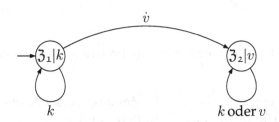

Bild 6.11: *LeberWurst* als Automat

---

[2] deren Markenzeichen das Beleidigtsein ist und nicht so sehr, wie der Begriff *grim* es vermuten ließe, die Gnadenlosigkeit.

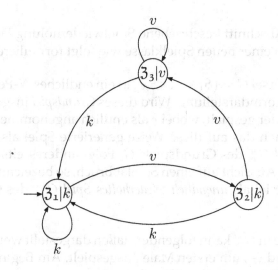

Bild 6.12: *TForTwo* als Automat

Gemeinhin halten Spieltheoretiker diese letztere Eigenschaft für die augenfälligste Schwäche der im Turnier so erfolgreichen Spielregel. Sie verleitet dazu, selbst einmalige Ausrutscher unbarmherzig zu ahnden. So löst zum Beispiel ein Kräftemessen zwischen *TitForTat* und ihrem gemeinen Zwilling ab der zweiten Runde ein durch nichts mehr zu revidierendes gemeinsames Gestehen. *TForTwo* und *MeanTitForTat* befinden sich dagegen im gleichen Zeitraum bereits auf einem fortgesetzten Kooperationskurs. Axelrods Einschätzung nach wäre wohl *TForTwo* an Stelle von *TitForTat* zur Siegerin gekürt worden, wenn sie nur am Turnier teilgenommen hätte.

6.4 Wiederholte Spiele

Die im letzten Abschnitt beschriebene Spielwiederholung lässt sich durch Definition einer neuen Spielklasse wie folgt formulieren.

Definition 6.2 Es sei $G = (S_1 \times \ldots \times S_N, u)$ ein endliches N-Personen Spiel in Normalformdarstellung. Wird dieses *Grundspiel* insgesamt r mal hintereinander gespielt, wobei r als endlich angenommen wird, so bezeichnet man das auf diese Weise generierte Spiel als *endlich wiederholtes Spiel* G_r^w des Grundspiels G. Folgt anderesseits Runde auf Runde ohne Aussicht auf einen Spielabbruch, so bezeichnet man ein derartiges Spiel als *unendlich wiederholtes Spiel* G_∞^w des Grundspiels G.

Die Spielweise in G_r^w kann folgendermaßen dargestellt werden. In Runde $t = 0$ wird G zum ersten Male ausgespielt. Am Beginn jeder Runde $t \geq 1$ definiert man das t-Tupel

$$x^t = (s^0, s^1, \ldots, s^{t-1}) \tag{6.1}$$

von bereits in den Runden $\tau = 0, \ldots, t - 1$ realisierten strategischen Konstellationen $s^\tau \in S = S_1 \times \ldots \times S_N$ der entsprechenden Wiederholungen von G. Bezeichnet man nun mit X^t die Menge aller t-Tupel der Gestalt (6.1) und definiert man zusätzlich $X^0 := \{x^0 = \emptyset\}$, um Runde $t = 0$ formal mit der leeren Vergangenheit zu versehen, so versteht man unter einer reinen Strategie σ_i des Spielers i im Spiel G_r^w eine Abbildung, die für $0 \leq t \leq r - 1$ jedem $x^t \in X^t$ ein $s_i^t \in S_i$ zuordnet.

Bezeichnet nun $\sigma = (\sigma_1, \ldots \sigma_N)$ eine strategische Konstellation des wiederholten Spiels G_r^w, so kann eine Partie $x^r(\sigma)$ wie folgt rekursiv definiert werden:

$$x^0(\sigma) := \emptyset;$$

$$x^1(\sigma) := \underbrace{\sigma(x^0(\sigma))}_{s^0};$$

$$x^2(\sigma) := (x^1(\sigma), \underbrace{\sigma(x^1(\sigma))}_{s^1}) = (s^0, s^1);$$

$$\dots$$

$$\dots$$

$$\dots$$

$$x^{r-1}(\sigma) := (x^{r-2}(\sigma), \underbrace{\sigma(x^{r-2}(\sigma))}_{s^{r-2}}) =$$

$$= (s^0, s^1, \dots, s^{r-2}). \tag{6.2}$$

Jeder Partie $x^{r-1}(\sigma) := (x^{r-1}(\sigma), \sigma(x^{r-1}(\sigma)))$ des wiederholten Spiels G_r^w kann nun folgendes N-Tupel von Auszahlungswerten der einzelnen Spieler zugeordnet werden:

$$\left(\frac{1}{r} \sum_{t=1}^r u_1(\sigma(x^{t-1}(\sigma))) \quad \dots \quad , \frac{1}{r} \sum_{t=1}^r u_N(\sigma(x^{t-1}(\sigma))) \right) =$$

$$\left(\frac{1}{r} \sum_{t=1}^r u_1(s^{t-1}) \quad \dots \quad , \frac{1}{r} \sum_{t=1}^r u_N(s^{t-1}) \right). \tag{6.3}$$

Satz 6.1 *Besitzt das Grundspiel G ein eindeutiges Nash-Gleichgewicht $\hat{s}$, dann gilt für jedes teilspielperfekte Nash-Gleichgewicht $\tilde{\sigma}$ des wiederholten Spiels G_r^w*

$$\tilde{\sigma}(x^t(\tilde{\sigma})) = \hat{s}, \quad 0 \le t \le r-1. \tag{6.4}$$

Beweis. Da jedes teilspielperfekte Gleichgewicht $\tilde{\sigma}$ des wiederholten Spiels G_r^w ein Nash-Gleichgewicht in jedem Teilspiel generiert, folgt aus der Eindeutigkeit des Nash-Gleichgewichtes $\hat{s}$ im Grundspiel G notwendigerweise

$$\tilde{\sigma}(x^{r-1}(\tilde{\sigma})) = \hat{s}, \tag{6.5}$$

womit das Teilspiel der letzten Runde abgehakt wäre. Da jedoch (6.5) für jede beliebige Vorgeschichte $x^{r-1}(\sigma)$ ebenfalls erfüllt ist, können die beiden letzten Runden zu einer neuen zusammengefasst werden, in der ein zum Grundspiel äquivalentes Spiel ausgetragen wird. Mittels Argumenten der Rückwärtsrechnung folgt daraus induktiv die Gültigkeit von (6.4). **q.u.e.d.**

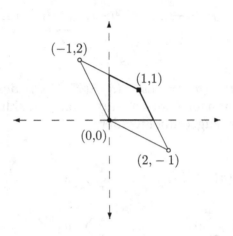

Bild 6.13: Auszahlungspaare im Gefangenendilemma

Schlechte Aussichten für eine endliche Wiederholung des Gefangenendilemmas. In jeder Runde kann nur das Auszahlungspaar $(0,0)$ durch eine gleichgewichtige Spielweise garantiert werden. In der letzten Runde werden beide Spieler gestehen, da es keine unangenehmen Folgen für sie mehr geben kann. Dieses Verhalten ist jedoch auch für die vorletzte, und danach Schritt um Schritt für alle weiteren Runden rational. Um die Stabilisierung des in Bild 6.13 unmittelbar als Pareto-effizient[3] erkennbaren Auszahlungspaares

---

[3] Jedes andere Paar von Auszahlungswerten lässt beiden Spielern stets einen niedrigeren Wert als 1 zukommen. Siehe auch Definition 8.1.

(1,1) zu gewährleisten, muss man sich auf eine unendliche Wiederholung des Gefangenendilemmas einlassen.

Setzt man die rekursive Definition (6.2) ins Unendliche fort, so
kann jeder derartigen Partie $x^\infty(\sigma)$ des unendlich wiederholten
Spiels G_∞^w folgendes N-Tupel von durchschnittlichen Auszahlungswerten der einzelnen Spieler zugeordnet werden:

$$\left((1-\delta)\sum_{t=1}^{\infty}\delta^{t-1}u_1(\sigma(x^{t-1}(\sigma))),\ldots,(1-\delta)\sum_{t=1}^{\infty}\delta^{t-1}u_N(\sigma(x^{t-1}(\sigma)))\right),$$

(6.6)

wobei $0 < \delta < 1$ den Diskontfaktor bezeichnet, mit dem der Auszahlungswert der Runde $t+1$ auf den Auszahlungsstand der Runde
t rückgerechnet werden kann.

Satz 6.2 *Zu jedem N-Tupel $w = (w_1,\ldots,w_N)$ von Auszahlungswerten
des Grundspiels G, für das $w_i > \mathfrak{s}_i$ für alle $i = 1,\ldots,N$ gilt, lässt sich
stets ein Diskontfaktor $\tilde{\delta} < 1$ und ein Nash-Gleichgewicht $\tilde{\sigma}$ des unendlich
wiederholten Spiels G_∞^w derart angeben, dass*

$$(1-\delta)\sum_{t=1}^{\infty}\delta^{t-1}u_i(\tilde{\sigma}(x^{t-1}(\tilde{\sigma}))) = w_i$$

(6.7)

für alle $\tilde{\delta} < \delta < 1$ und alle $i = 1,\ldots,N$ gilt.

Beweis. Es sei $\bar{s}$ eine strategische Konstellation des Grundspieles G,
für die $u_i(\bar{s}) = w_i$, $i = 1,\ldots,N$, gilt. Definiere für jeden Spieler i
folgende im unendlich wiederholten Spiel anzuwendende Strategie
$\tilde{\sigma}_i$:

$$\tilde{\sigma}_i(x^r(\tilde{\sigma})) = \begin{cases} \bar{s}_i, & \text{für } r = 0, \\ \bar{s}_i, & \text{für } \tilde{\sigma}(x^{r-1}(\tilde{\sigma})) = \bar{s}, \\ \arg_i\min_{s_{-j}}u_j(s), & \text{für } \tilde{\sigma}_j(x^\rho(\tilde{\sigma})) \neq \bar{s}_j, \rho < r. \end{cases}$$

(6.8)

173

Die in (6.8) formal niedergelegte Anweisung für den Spieler i wird als sogenannte *Trigger-Strategie* bezeichnet. In der ersten Runde wählt der Spieler die Grundspielstrategie $\bar{s}_i$ und wiederholt sie in jeder weiteren Runde, sofern in der Runde zuvor entweder alle anderen Spieler ebenfalls ihre Strategien $\bar{s}_j$ für $j \neq i$ eingehalten haben, oder (was in (6.8) nicht explizit formuliert wurde) es zumindest zwei andere Spieler gab, die von ihren Strategien $\bar{s}_j$ abgewichen sind. Taucht der erste und einzige Abweichler, beispielsweise ein Spieler $j \neq i$, in der Runde ρ auf, so wird ab der Runde $\rho + 1$ die Strategie des i-ten Spielers (und aller anderen Spieler $\neq j$) darin bestehen, die seinem (und ihrem) Index entsprechende Komponente desjenigen strategischen Komplements $\hat{s}_{-j}$ anzuwenden, das im Grundspiel dem Spieler j nur maximal seine Sicherheitsschwelle zukommen lässt, d.h

$$\min_{s_{-j}} u_j(s) = u_j(s_j \uparrow \hat{s}_{-j}). \qquad (6.9)$$

Wir nehmen nun an, dass sich sämtliche Spieler in den ersten t Runden an ihre Strategien $\tilde{\sigma}_j$, $j = 1, \ldots, N$ halten. Falls der i-te Spieler nunmehr als Erster und Einziger in der Runde $t + 1$ von seiner Strategie $\tilde{\sigma}_i$ abweicht, so ist der maximale Auszahlungswert, den er im unendlich wiederholten Spiel G_∞^w erreichen kann, durch

$$(1 - \delta^t)w_i + \delta^t(1 - \delta) \max_{s_i \in S_i} u_i(s_i \uparrow \tilde{\sigma}_{-i}(x^t(\tilde{\sigma}))) + \delta^{t+1}\mathfrak{s}_i \qquad (6.10)$$

gegeben. Bezeichnet man nun mit $\hat{\delta}_i$ denjenigen Diskontfaktor, für den der Auszahlungswert (6.10) mit w_i übereinstimmt, d.h.

$$\hat{\delta}_i\mathfrak{s}_i + (1 - \hat{\delta}_i) \max_{s_i \in S_i} u_i(s_i \uparrow \tilde{\sigma}_{-i}(x^t(\tilde{\sigma}))) = w_i, \qquad (6.11)$$

so würde jeder Spieler i für $\max_i \hat{\delta}_i < \tilde{\delta} < 1$ nicht von $\tilde{\sigma}_i$ abweichen, da er ansonsten eine Minderung seines Auszahlungswertes in Kauf nehmen müsste. **q.u.e.d.**

174

Anmerkungen zu Kapitel 6

Für eine detailierte Übersicht der mannigfaltigen Ergebnisse zum Thema wiederholter Spiele sei auf Osborne und Rubinstein [92] verwiesen. Der Beweis des Satzes 6.2, der – wegen seiner zahlreichen Urheber – in der Literatur als eines der Folklore-Theoreme bekannt ist, folgt der Darstellung in Fudenberg und Tirole [42], S. 153.

Kapitel 7
Differentialspiele
oder
Vom Spielen gegen die Zeit

Das Spiel beginnt. Ein Zustand steckt den Rahmen
Aus Zeitenlauf, Bewegung und Kontrolle
Und Integrale wägen jede Rolle,
Die ausgeübt wird in der Spieler Namen.

Fang, Streik, Profit und Poesie der Dramen;
Die Theorie verfasst die Protokolle
Und raubt der Praxis das Geheimnisvolle,
(Sofern die Argumente nicht erlahmen).

Alexander Mehlmann. *Das Differentialspiel*

An der Grenze zwischen Spieltheorie und klassischer angewand-
ter Mathematik entstand in den 50-er Jahren des letzten Jahrhunderts die Theorie der Differentialspiele als anfangs zur Gänze der
Wurf eines Einzelgängers. Rufus Isaacs' [58] historischer Verdienst
liegt vor allem darin begründet, das konkrete Problem sowie dessen
explizite Lösung in den Vordergrund gestellt zu haben. Konzepte
und Begriffsbildungen, deren er sich bediente, fanden in der sich
parallel entwickelnden *optimalen Kontrolltheorie* ihre Entsprechung.

Für die spieltheoretische Hauptströmung schien jahrzehntelang
die Rolle der Differentialspieltheorie als die einer eher komplexen
und obskuren Sammlung von Fallbeispielen festzustehen. Dieser
Vorwurf zielt zum Teil auf die im Mittelpunkt der Modellierungen
stehenden Nullsummensituationen ab, die in der Regel kryptische
Bezeichnungen, wie *the lady and the lake, the princess and the monster,*

oder gar *the suicidal pedestrian* erhielten. In dieser Zeit der gegenseitigen Befruchtung von Kontroll- und Differentialspieltheorie wurde jedoch der Boden für eine rigorose mathematische Theorie vorbereitet.

Die geometrischen Ansätze von Blaquière und Leitmann [12] rückten die Hamilton-Jacobi-Bellman-(Isaacs) Gleichung in den Mittelpunkt, die korrekte Definition von Strategie und Spielwert wurde in den Arbeiten von Friedman [41] sowie Krasovskij und Subbotin [65] vorgenommen.

Erst relativ spät gelangte der interessante Nichtnullsummenfall, der eine Rückkehr in den Schoß der Spieltheorie bewirkte, in den Mittelpunkt der Untersuchungen. Case [26] legt Zeugnis von dieser Entwicklung ab, die von ihren Anfängen an enge Verbindungen zu den Problemen der mathematischen Ökonomie und vor allem des Operations Research hielt. Diese Disziplinen haben überdies dazu beigetragen, den Übergang zwischen Theorie und Anwendung der Nichtnullsummen-Differentialspiele fließend zu gestalten.

Dieses Kapitel hat die Zielsetzung, das Lösungspotential der Theorie der (Nichtnullsummen-) Differentialspiele zu illustrieren.

7.1 Die Regeln des Spiels

Definition 7.1 Unter einem auf dem Zeitintervall $[t_0,T]$ definierten *Differentialspiel (endlicher Dauer)* $\Gamma_{[t_0,T]}$ versteht man das folgende interaktive Optimierungsproblem mit mehrfacher Zielsetzung:

$$\max_{u_i \in U_i \subseteq \mathbb{R}^{m_i}} \left\{ J_i = \int_{t_0}^{T} L_i(t,x,u_1,\ldots,u_N)\, dt + S_i(T, x(T)) \right\} \quad (7.1)$$

für $i = 1,\ldots,N$ und unter den Nebenbedingungen:

$$\dot{x} = f(t,x,u_1,\ldots,u_N); \quad x(t_0) = x_0, \quad (7.2)$$

$$x \in X \subseteq \mathbb{R}^n. \quad (7.3)$$

178

Obwohl dies nicht offensichtlich scheint, sind wir durchaus in der Lage, dieses interaktive Optimierungsproblem auf ein Spiel in Normalform-Darstellung zurückzuführen.

Ein erster Schritt besteht darin, eine *Partie* des Differentialspiels zu beschreiben. Da jeder Spieler zu jedem Zeitpunkt $t \in [t_0,T]$ den Kontrollvektor u_i in der Teilmenge U_i des euklidischen Raumes $\mathbb{R}^{m_i}$ auswählt, kann eine Funktion $u_i(\cdot) : [t_0,T] \to U_i$, die der Bedingung

$$u_i(t) \in U_i \tag{7.4}$$

für alle $t \in [t_0,T]$ genügt, als *Kontrollpfad* des i-ten Spielers definiert werden. Aus Gründen der Anschaulichkeit werden wir es meistens mit stückweise stetigen Kontrollpfaden zu tun haben. $\mathcal{U}_i$ möge die Menge der Kontrollpfade, die dem Spieler i bei der Auswahl seiner Kontrollvariablen zur Verfügung stehen, bezeichnen.

Unter bestimmten Bedingungen lassen sich die Kontrollpfade sämtlicher Spieler eines Differentialspiels zu einem korrekten und sinnvollen Spielverlauf ergänzen.

Definition 7.2 Das N-Tupel

$$u(\cdot) = (u_1(\cdot), \ldots, u_N(\cdot)) \tag{7.5}$$

von Kontrollpfaden wird eine *Partie* des Differentialspiels $\Gamma_{[t_0,T]}$ genannt, falls eine stetige und stückweise glatte[1] Funktion $x(\cdot)$ auf $[t_0,T]$ existiert, die eindeutige Lösung des Anfangswertproblems

$$\dot{x}(t) = f(t,x(t),u_1(t),\ldots,u_N(t)); \quad x(t_0) = x_0 \tag{7.6}$$

ist und der Zustandsbedingung

$$x(t) \in X, \quad \text{für alle} \quad t \in [t_0,T], \tag{7.7}$$

genügt. $x(\cdot)$ wird auch *Zustandstrajektorie* der Partie $u(\cdot)$ genannt. $\mathcal{P}$ und $\mathcal{X}$ bezeichnen jeweils die Mengen der Partien und die der Zustandstrajektorien des Differentialspiels $\Gamma_{[t_0,T]}$.

---

[1] d.h. eine stückweise unendlich oft differenzierbare.

Die Menge der Partien $\mathcal{P}$ ließe sich wohl zu einem ähnlichen wurzelbehafteteten Baumgebilde, wie es in Definition 4.1 entworfen wurde, ausbauen. Sämtliche Partien, die auf einem halboffenen Intervall $[t_0,t)$ für ein vorgegebenes $t \in (t_0,T]$ übereinstimmen, würden dabei zu einem Knoten des Baumes zusammengefasst werden. Der Gehalt an Information, der in Knoten dieses Typs zu Entscheidungen herangezogen werden müsste, lässt jedoch eine derartige Formalisierung als zumindest nicht praktikabel erscheinen.

Es gibt jedoch eine andere Möglichkeit Partien als Ausgangspunkt momentaner Entscheidungen aufzufassen. Mit Hilfe einer Strategie

$$\sigma_i(t,x(t),u_1(t),\ldots,u_{i-1}(t)), \qquad (7.8)$$

die stückweise stetig in ihren Argumente ist und nur von der aktuellen Zeit, vom aktuellen Zustand und eventuell von den aktuellen Kontrollwerten einiger Mitspieler abhängt, würden wir auf vollkommene Information zu Gunsten einer punktuellen Überprüfung des Spielverlaufes verzichten. Sämtliche Partien, die über $[t_0,t)$ übereinstimmen, generieren letztlich den selben Zustandswert $x(t)$ zum Zeitpunkt t. Eine Überprüfung des laufenden Zustandes erspart uns somit die durchgehende Berechnung sich ständig verändernder Knotenmengen.

Falls σ_i nur vom Zeitparameter t und vom momentanen Zustandswert x abhängt, so sprechen wir von einer *Strategie in Rückkopplung*. Ist σ_i nur eine Funktion der Zeit so bezeichnen wir sie als *Strategie in offener Schleife*.

Ein Spieler, der eine Strategie in offener Schleife verwendet, benötigt nur die Uhr, um seinen aktuellen Kontrollwert zu wählen. Eine Strategie in Rückkopplung erfordert zusätzlich die Kenntnis des aktuellen Zustandswertes.

Definiert man nun $\mathcal{F}_i$ als die Menge der Strategien in Rückkopplung $\phi_i(t,x(t))$, die stückweise stetig bezüglich t sind und einer globalen Lipschitz Bedingung bezüglich des Zustands genügen, d.h.

$$\| \phi_i(t,x(t)) - \phi_i(t,\tilde{x}(t)) \| \leq K_i \| x(t) - \tilde{x}(t) \| \qquad (7.9)$$

für alle $t \in [t_0,T]$ und $x,\tilde{x} \in \mathbb{R}^n$, wobei $\| \cdot \|$ für die euklidische Norm im $\mathbb{R}^n$ steht, so kann die Reduktion des gegebenen Differentialspiels auf eine äquivalente, durch das $2N$-Tupel $(\mathcal{F}_1,\ldots,\mathcal{F}_N\,;\,\mathcal{J}_1,\ldots,\mathcal{J}_N)$ beschreibbare, *Normalform* durchgeführt werden.

In diesem Spiel besteht die Aktion des i-ten Spielers einfach in der *a priori* Auswahl einer Strategie $\phi_i \in \mathcal{F}_i$; Auszahlungen können durch

$$\mathcal{J}_i(\phi_1,\ldots,\phi_N) := J_i(u_1^\star(\cdot),\ldots,u_N^\star(\cdot)) \qquad (7.10)$$

definiert werden, wobei die Partie $(u_1^\star(\cdot),\ldots,u_N^\star(\cdot)) \in \mathcal{P}$ durch

$$u_i^\star(\cdot) := \phi_i(\cdot,x^\phi(\cdot)) \qquad (7.11)$$

definiert werden kann. $x^\phi(\cdot)$ bezeichnet dabei die eindeutige Lösung der Differentialgleichung

$$\dot{x}^\phi(t) = f(t,x^\phi(t),\phi_1(t,x^\phi(t)),\ldots,\phi_N(t,x^\phi(t))); \quad x^\phi(t_0) = x_0. \quad (7.12)$$

Falls die in Definition 7.1 angeführten Funktionen f, L_i, und S_i allesamt stetig mit stetigen partiellen Ableitungen erster Ordnung bezüglich der Zustands- und Kontrollvariablen, sowie zusätzlich die partiellen Ableitungen von f gleichmäßig beschränkt sind, dann besitzt (7.12) für den Fall $X = \mathbb{R}^n$ auch tatsächlich eine eindeutige Lösung für jede Auswahl $(\phi_1,\ldots,\phi_N) \in \mathcal{F}_1 \times \ldots \times \mathcal{F}_N$.

Dieses Ergebnis zeigt zusätzlich die engen Grenzen auf, die uns mathematische Umstände in Fragen der Wohldefiniertheit und Lösbarkeit von Differentialspielen auferlegen. Sollten die Spieler, beispielsweise, bei der Wahl ihrer Strategien in Rückkopplung auf eine Abhängigkeit von x grundsätzlich verzichten – somit nur Strategien in offener Schleife oder äquivalent dazu stückweise stetige Kontrollpfade verwenden – so kann das Differentialspiel $\Gamma_{[t_0,T]}$ auch auf die Normalform $(\mathcal{U}_1,\ldots,\mathcal{U}_N\,;\,\mathcal{J}_1,\ldots,\mathcal{J}_N)$ reduziert werden.

181

Die Menge $\mathcal{U}_i$ der Kontrollpfade des i-ten Spielers bezeichnet hier ebenfalls die Menge aller Strategien in offener Schleife, die dem Spieler i zur Verfügung stehen.

Sobald jedoch die Lipschitz-Bedingung (7.9) verletzt ist, kann das Differentialspiel $\Gamma_{[t_0,T]}$ nur mittels diskreter Approximation der Strategien in Rückkopplung durch Folgen von Strategien in offener Schleife gelöst werden (vergleiche Friedman [41], Krassovskij und Subbotin [65]).

7.2 Gleichgewichte und das hamiltonsche Spiel

Verwenden sämtliche Spieler des Differentialspiels $\Gamma_{[t_0,T]}$ die im letzten Abschnitt beschriebenen Strategien in Rückkopplung, so kann die Normalform $(\mathcal{F}_1,\ldots,\mathcal{F}_N\,;\,\mathcal{J}_1,\ldots,\mathcal{J}_N)$ zur Bestimmung von Nash-Gleichgewichten, die einer simultanen Spielweise der Spieler angepasst sind, herangezogen werden.

Dem Optimierungsproblem in Definition 7.1 lässt sich zu jedem Zeitpunkt $t \in [t_0,T]$ und für jeden Wert $x \in X$ ein Normalformspiel $(H_1,\ldots,H_N\,;\,U_1,\ldots,U_N)$ zuordnen, das *hamiltonsche Spiel* des Differentialspiels $\Gamma_{[t_0,T]}$. Die Aktion des i-ten Spielers in einem derartigen hamiltonschen Spiel erfolgt dabei durch die Auswahl eines Kontrollwertes in U_i; die ihm zugeordneten Auszahlungswerte sind durch die sogenannte Hamilton-Funktion

$$H_i(t,x,u_1,\ldots,u_N,\mu_i) := L_i + \mu_i f \qquad (7.13)$$

festgelegt, wobei der Zeilenvektor $\mu_i \in \mathbb{R}^n$ als Platzhalter fungiert.

Zu jedem Zeitpunkt kann das zugehörige hamiltonsche Spiel als eine Art aktuelles Grundspiel des Differentialspiels $\Gamma_{[t_0,T]}$ interpretiert werden. Zwischen Nash-Gleichgewichten der Normalform $(\mathcal{F}_1,\ldots,\mathcal{F}_N\,;\,\mathcal{J}_1,\ldots,\mathcal{J}_N)$ und Gleichgewichten der hamiltonschen Spiele lässt sich ein wesentlicher Zusammenhang feststellen.

Es sei $\phi^\star(t,x) = (\phi_1^\star(t,x),\ldots,\phi_N^\star(t,x))$ ein Gleichgewicht der Normalform $(\mathcal{F}_1,\ldots,\mathcal{F}_N\,;\,\mathcal{J}_1,\ldots,\mathcal{J}_N)$, wobei $\phi^\star$ stetig differenzierbar bezüglich x und als stetig in t mit der Ausnahme endlich vieler Unstetigkeitsstellen $\tau \in (t_0,T)$ angenommen wird. Es bezeichne weiters $x^\star(\cdot)$ die zugehörige Zustandstrajektorie, d.h.

$$\dot{x}^\star(t) = f(t,x^\star(t),\phi_1^\star(t,x^\star(t)),\ldots,\phi_N^\star(t,x^\star(t)));\quad x^\star(t_0) = x_0. \quad (7.14)$$

Satz 7.1 *Die Partie* $\phi^\star(\cdot,x^\star(\cdot)) = (\phi_1^\star(\cdot,x^\star(\cdot)),\ldots,\phi_N^\star(\cdot,x^\star(\cdot)))$ *des Differentialspiels* $\Gamma_{[t_0,T]}$ *ist zu jedem Zeitpunkt* $t \in [t_0,T]$, *der mit keiner der Unstetigkeitsstellen* $\tau \in (t_0,T)$ *übereinstimmt, ein Nash-Gleichgewicht des hamiltonschen Spiels* $(H_1,\ldots,H_N\,;\,U_1,\ldots,U_N)$ *für* $x = x^\star(t)$ *und* $\mu_i = \lambda_i(t)$. *Die (Kozustands-)Funktionen* $\lambda_i(\cdot)$ *sind dabei durch folgende Gleichungen gegeben:*

$$\dot{\lambda}_i(t) = -\frac{\partial H_i^\star}{\partial x} - \sum_{j\neq i} \frac{\partial H_i^\star}{\partial u_j}\frac{\partial \phi_j(t,x^\star)}{\partial x}; \quad (7.15)$$

$$\lambda_i(T) = \frac{\partial S_i(T,x^\star(T))}{\partial x}, \quad (7.16)$$

wobei $\frac{\partial H_i^\star}{\partial \bullet}$ *die Auswertung von* $\frac{\partial H_i}{\partial \bullet}$ *für* t, $x = x^\star(t)$, $u = \phi^\star(t,x^\star(t))$ *und* $\mu_i = \lambda_i(t)$ *bezeichnet.*

Beweis. Da $\phi^\star(t,x)$ ein Nash-Gleichgewicht der Normalform $(\mathcal{F}_1,\ldots,\mathcal{F}_N\,;\,\mathcal{J}_1,\ldots,\mathcal{J}_N)$ ist, gilt für alle $i = 1,\ldots N$ und für alle $\phi_i(t,x) \in \mathcal{F}_i$

$$\mathcal{J}_i(\phi^\star(t,x)) \geq \mathcal{J}_i(\phi_i(t,x) \uparrow \phi_{-i}^\star(t,x)). \quad (7.17)$$

Wegen (7.17) ist jedoch jeder Kontrollpfad $\phi_i^\star(\cdot,x^\star(\cdot))$ eine optimale Lösung des Entscheidungsproblems

$$\max_{u_i \in U_i} \int_{t_0}^T L_i[t,x,u_i \uparrow \phi_{-i}^\star(t,x)]\,dt + S_i(T,x(T)), \qquad (7.18)$$

unter der dynamischen Nebenbedingung

$$\dot{x} = f[t,x,u_i \uparrow \phi_{-i}^\star(t,x)]; \quad x(t_0) = x_0. \qquad (7.19)$$

Aus dem Maximum-Prinzip der Kontrolltheorie[2] folgt nun für $i = 1,\dots N$ und zu jedem Zeitpunkt $t \in [t_0,T]$, der mit keiner der Unstetigkeitsstellen $\tau \in (t_0,T)$ von $\phi^\star(t,x)$ übereinstimmt,

$$H_i[t\,,x^\star(t)\,,\phi^\star(t,x^\star(t))\,,\lambda_i(t)] =$$
$$\max_{u_i \in U_i} H_i[t\,,x^\star(t)\,,u_i \uparrow \phi_{-i}^\star(t,x^\star(t))\,,\lambda_i(t)], \qquad (7.20)$$

wobei die Funktionen $\lambda_i(\cdot)$ durch die Gleichungen (7.15) und (7.16) gegeben sind.   **q.u.e.d.**

Aus Satz 7.1 konstruiert man wie folgt Kandidaten $\phi^\star(t,x)$:

1. Bestimme eines der Nash-Gleichgewichte $\hat{u}^\star(t,x,\mu_1,\dots,\mu_N)$ des hamiltonschen Spiels $(H_1,\dots,H_N\,;\,U_1,\dots,U_N)$.

2. Löse das System von Differentialgleichungen (7.15), (7.16) unter der Nebenbedingung

$$\phi^\star(t,x^\star(t)) = \hat{u}^\star(t,x^\star(t),\lambda_1(t),\dots,\lambda_N(t)), \qquad (7.21)$$

für alle $t \in [t_0,T]$, wobei $x^\star(\cdot)$ folgender Bedingung genügt:

$$\dot{x}^\star = f[t,x^\star,\phi^\star(t,x^\star(t))]; \quad x^\star(t_0) = x_0. \qquad (7.22)$$

---

[2] siehe, beispielsweise, Feichtinger und Hartl [39].

Ein Kandidat $\phi^\star(t,x)$, der auf die soeben beschriebene Art und Weise ermittelt wurde, kann (sollten zusätzliche Bedingungen erfüllt sein) auch tatsächlich als ein Nash-Gleichgewicht der Normalform $(\mathcal{F}_1,\ldots,\mathcal{F}_N\,;\,\mathcal{J}_1,\ldots,\mathcal{J}_N)$ bestätigt werden. Eine dieser Bedingungen lässt sich, wie folgt, nachprüfen. Man ersetzt in der Hamilton-Funktion (7.13) die Kontrollvariablen u_j durch $\phi_j^\star(t,x)$, für $j = 1,\ldots,N$. Sind die derart „maximierten" Hamilton-Funktionen sämtlicher Spieler stets konkav bezüglich der Zustandsvariablen x und auch die Restwertfunktionen $S_i(T,x(T))$ konkav bezüglich $x(T)$, so ist $\phi^\star(t,x)$ ein Nash-Gleichgewicht. Ein vollständiger Beweis sowie weitere hinreichende Bedingungen sind in Mehlmann [77], S. 60-67, angeführt.

Die musterhafte Bestimmung eines Nash-Gleichgewichtes mit Hilfe des beschriebenen konstruktiven Verfahrens wird im nächsten Abschnitt vorgenommen.

7.2.1 Das Kapitalismus-Spiel

> Doch dieser Sohn, von starrem Sinn
> und losem Lebenswandel,
> gab Gottes Lohn und Mehrgewinn
> für Marx, den roten Mohren, hin
> aus Vaters Spitzenhandel.
>
> **Kurt Barthel.** Die Ballade vom Onkel Friedrich

Die Grundessenz des Kapitalismus lässt sich im Marx'schen Sinne am Problem der Kapitalakkumulation und der davon abhängigen Einkommensverteilung zwischen den Arbeitern und Kapitalisten nachweisen. Lancasters wesentlich vereinfachte Variante [71] dieser Konfliktsituation lässt sich folgendermaßen, siehe auch Pohjola [94], als Differentialspiel modellieren:

$$\max_{0<c\leq u_1\leq b<1}\left\{J_1=\int_0^T axu_1\,dt\right\};\qquad(7.23)$$

$$\max_{0\leq u_2\leq 1}\left\{J_1=\int_0^T ax(1-u_1)(1-u_2)\,dt+lx(T)\right\},\qquad(7.24)$$

unter der dynamischen Nebenbedingung

$$\dot{x}=ax(1-u_1)u_2;\quad x(0)=x_0.\qquad(7.25)$$

Ein Unternehmen mit dem Kapitalstand $x(t)$ zum Zeitpunkt $t\in[0,T]$ erarbeitet laufend einen Output von $ax(t)$ Geldeinheiten. Von diesem Ertrag werden $axu_1(t)$ Einheiten an die Arbeiter ausbezahlt, wobei die Steuerungsvariable u_1 der Arbeiter (Anteil der Arbeiter am Ertrag) zu jedem Zeitpunkt t innerhalb einer vorgegebenen Spannweite $0<c\leq u_1(t)\leq b<1$ frei gewählt werden kann. Der Kapitalist bestimmt ebenfalls laufend über seine Kontrollvariable u_1 (Investitionsanteil) den Betrag $ax(1-u_1)u_2$, der wiederum in das Unternehmen investiert wird. Die Zustandsgleichung des Modells ist somit durch (7.25) gegeben.

Das Zielfunktional der Arbeiter in (7.23) maximiert den Konsum über $[0,T]$. Der Kapitalist maximiert seinen laufenden Konsum und auch den mit der Konstanten l gewichteten Kapitalstand gegen Ende des Spiels.

Die Hamilton-Funktionen der Arbeiter und des Kapitalisten

$$H_1(t,x,u_1,u_2,\mu_1)=axu_1+\mu_1 ax(1-u_1)u_2,\qquad(7.26)$$

$$H_2(t,x,u_1,u_2,\mu_2)=ax(1-u_1)(1-u_2)+\mu_2 ax(1-u_1)u_2\qquad(7.27)$$

sind beide linear in den eigenen Kontrollvariablen. Da überdies die Kontrollvariablen u_i für beide Spieler beschränkt sind, lassen sich die besten Antworten im hamiltonschen Spiel wie folgt bestimmen:

$$\hat{u}_1(t,u_2,\mu_1) = \begin{cases} b & \text{falls } 1 - \mu_1 u_2 > 0; \\ d_1 \in [c,b] & \text{falls } 1 - \mu_1 u_2 = 0; \\ c & \text{sonst.} \end{cases} \quad (7.28)$$

$$\hat{u}_2(t,\mu_2) = \begin{cases} 1 & \text{falls } \mu_2 - 1 > 0; \\ d_2 \in [0,1] & \text{falls } \mu_2 - 1 = 0; \\ 0 & \text{sonst.} \end{cases} \quad (7.29)$$

Setzt man nun die beste Antwort des Kapitalisten, die nur vom Platzhalter μ_2 abhängig ist, in die beste Antwort der Arbeiter ein, so erhält man folgendes Nash-Gleichgewicht des hamiltonschen Spiels

$$(\hat{u}_1(t,\hat{u}_2(t,\mu_2),\mu_1), \hat{u}_2(t,\mu_2)). \quad (7.30)$$

Der einfachste Kandidat für ein simultanes Nash-Gleichgewicht des Kapitalismus-Spiels kann in Befolgung unseres konstruktiven Verfahrens als ein Paar $\phi^*(t) = (\phi_1^*(t), \phi_2^*(t))$ von Strategien, die nur von der Zeit abhängen, festgelegt werden, wobei

$$\begin{aligned} \phi_1^*(t) &:= \hat{u}_1(t,\hat{u}_2(t,\lambda_2(t)),\lambda_1(t)); \\ \phi_2^*(t) &:= \hat{u}_2(t,\lambda_2(t)). \end{aligned} \quad (7.31)$$

Es sei nun $l = 0$, d.h. der Kapitalist verzichtet auf jegliche Kapitalbewertung zum Endzeitpunkt. Dann gilt, wegen (7.16), $\lambda_1(T) = \lambda_2(T) = 0$ und aus (7.28), (7.29) und (7.31) folgt nunmehr

$$\phi_1^*(T) = b; \quad \phi_2^*(T) = 0. \quad (7.32)$$

Wir können nun die Kozustandsgleichungen (7.15), (7.16) für die Strategien (7.31) als reines Endwertproblem lösen, da die Gleichung

(7.25) wegen der Spielweise in offener Schleife und der Linearität der Hamilton-Funktionen in x nicht berücksichtigt werden muss. Die Kozustandsgleichung

$$\dot{\lambda}_2(t) = -a(1 - \phi_1^\star(t))(1 - \phi_2^\star(t)) - \lambda_2(t)a(1 - \phi_1^\star(t))\phi_2^\star(t) \quad (7.33)$$

ist offensichtlich eine monoton abnehmende Funktion der Zeit. Es gibt somit ein $\tau^\star$, so dass $\lambda_2(\tau^\star) = 1$ und $\lambda_2(t) < 1$ für $\tau^\star < t \leq T$.

Für $\tau^\star < t \leq T$ folgt daraus und aus (7.28), (7.29) unmittelbar

$$\phi_1^\star(t) = b; \quad \phi_2^\star(t) = 0 \quad (7.34)$$

und somit

$$\dot{\lambda}_2(t) = -a(1 - b), \quad (7.35)$$

d.h. der Kozustand ist auf dem halboffenen Intervall $(\tau^\star, T]$ durch

$$\lambda_2(t) = a(1 - b)(T - t) \quad (7.36)$$

gegeben. Damit lässt sich aus $\lambda_2(\tau^\star) = 1$

$$\tau^\star = T - \frac{1}{a(1 - b)} \quad (7.37)$$

bestimmen. Für $T \leq 1/a(1 - b)$, wäre das Gleichgewicht bereits durch (7.34) vollständig beschrieben.

Es sei nun $\tau^\star > 0$. Die Lösung der Kozustandsgleichung

$$\dot{\lambda}_1(t) = -a\phi_1^\star(t) - \lambda_1(t)a(1 - \phi_1^\star(t))\phi_2^\star(t) \quad (7.38)$$

ist auf dem halboffenen Intervall $(\tau^\star, T]$ wegen (7.34) durch

$$\lambda_1(t) = ab(T - t) \quad (7.39)$$

gegeben.

Zum Zeitpunkt $\tau^\star$ erhalten wir somit

$$\lambda_1(\tau^\star) = ab(T - \tau^\star) = \frac{ab}{a(1 - b)} = \frac{b}{(1 - b)}. \quad (7.40)$$

Sichert nun die obere Schranke b den Arbeitern mehr als die Hälfte des laufenden Ertrages zu, d.h. $b > 1/2$, so ist der Kozustand λ_1 zum Zeitpunkt $\tau^\star$ größer als 1. Nimmt man nunmehr weiters an, dass der Kapitalist zum Zeitpunkt $\tau^\star$ voll investiert, so würden sich die Arbeiter im Sinne ihrer besten Antwort mit einem minimalen Ertragsanteil abfinden.

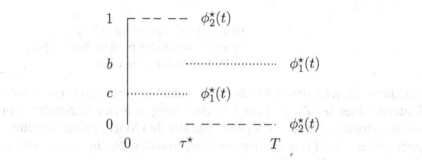

Bild 7.1: Das Strategienpaar $(\phi_1^\star, \phi_2^\star)$ im Kapitalismus-Spiel

Unser Kandidat für ein Nash-Gleichgewicht (in offener Schleife) durchläuft die in Bild 7.1 aufgezeichneten Phasen. Für $0 \leq t \leq \tau^\star$ erfolgt die maximale Kapitalakkumulation durch den Kapitalisten; die Arbeiter zeichnen sich durch minimalen Konsum aus. Für einen Zeitwert $\tau^\star < t \leq T$ erreicht der Konsum der Spieler die jeweils maximale Schwelle.

Da die Hamilton-Funktionen linear (und somit auch konkav) in x sind, haben wir es auch tatsächlich mit einem Nash-Gleichgewicht des Kapitalismus-Spiels zu tun.

Ein Gleichgewicht, das darüber hinaus sogar teilspielperfekt ist. Diese Eigenschaft kann an der Unabhängigkeit des Zeitpunktes $\tau^\star$, der den Phasenwechsel bedingt, vom zugehörigen Kapitalstand abgelesen werden. Für jeden Wert des Kapitals x_0 haben wir es mit den selben Strategien des Nash-Gleichgewichtes zu tun. Wird das Spiel mittendrin abgebrochen und danach aufs Neue – als Teilspiel des Kapitalismus-Spiels – gestartet, so stimmt das Gleichgewicht des Haupt- und des Teilspiels überein.

Im nächsten Abschnitt wird ein Differentialspiel ökonomischen Zuschnitts analysiert, dessen Gleichgewichtskandidaten für je zwei verschiedene Anfangszustände x_0 unterschiedliche Verlaufspfade aufweisen.

7.2.2 Die Dynamik der Preisbildung im Duopol

> Time will say nothing but I told you so,
> Time only knows the price we have to pay;
> **W. H. Auden.** If I could tell you

Im klassischen Cournot-Modell [29] eines Duopols richten sich zwei Unternehmer im Zuge ihrer Entscheidung, wieviel Mineralwasser sie aus einem Brunnen schöpfen und auf den Markt bringen sollten, nach einer (den Preis bestimmenden) linearen Nachfragekurve für ihr homogenes Produkt.

Simaan und Takayama [114] definieren in ihrer dynamischen Erweiterung des ursprünglichen Modells von Cournot den aktuellen Marktpreis als eine Zustandsvariable x, die laufend an den Cournot-Preis $a - b(u_1 + u_2)$ angepasst wird. Dabei bezeichnet u_i die Kontrollvariable des i-ten Produzenten im Duopol.

Wird weiters die Zeitpräferenz der Produzenten durch die Rate r_i definiert, so erhält man folgendes Differentialspiel zweier Spieler über $[0,T]$:

$$\max_{u_i \geq 0} \left\{ J_i = \int_0^T e^{-r_i t} [x u_i - c_i u_i - \frac{1}{2} \alpha_i u_i^2] dt \right\}, \qquad (7.41)$$

unter der dynamischen Nebenbedingung:

$$\dot{x} = k[a - b(u_1 + u_2) - x]; \; x(0) = x_0. \qquad (7.42)$$

Dabei bestimmen die Produzenten ihre laufende Produktionsrate u_i mit dem Ziel, den Reingewinn über $[0,T]$ zu maximieren. Die Differenz aus dem Verkaufserlös $x u_i$ und den Produktionskosten

$\frac{1}{2}\alpha_i u_i^2 + c_i u_i$ wird mittels der Gewichtung $e^{-r_i t}$ auf den Gegenwartswert bezogen. k bezeichnet die Anpassunggeschwindigkeit an den Cournot-Preis $a - b(u_1 + u_2)$.

Da die Hamilton-Funktion des i-ten Spielers

$$H_i = e^{-r_i t}(xu_i - c_i u_i - \frac{1}{2}\alpha_i u_i^2) + \mu_i k[a - (u_1 + u_2) - x] \quad (7.43)$$

eine störende explizite Abhängigkeit vom Zeitparameter t aufweist, können wir mittels einer durch

$$\nu_i := \mu_i e^{-r_i t} \quad (7.44)$$

vorgenommenen Neudefinition des Platzhalters stattdessen die auf den Momentanwert bezogene Hamilton-Funktion

$$\tilde{H}_i := H_i e^{r_i t} = xu_i - c_i u_i - \frac{1}{2}\alpha_i u_1^2 + \nu_i k[a - (u_1 + u_2) - x] \quad (7.45)$$

betrachten. Ein Kontrollwert $\hat{u}_i$, der $\tilde{H}_i$ maximiert, optimiert ebenfalls die auf den Gegenwartswert bezogene Hamilton-Funktion H_i.

Befindet sich $\hat{u}_i$ im Inneren des Bereiches $u_i \geq 0$, so lässt sich die notwendige Bedingung hierfür wie folgt anschreiben:

$$\frac{\partial \tilde{H}_i}{\partial u_i} = x - c_i - \alpha_i u_i - bk\nu_i = 0. \quad (7.46)$$

Daraus erhält man, wegen $\frac{\partial^2 \tilde{H}_i}{\partial u_i^2} = -\alpha_i < 0$,

$$\hat{u}_i(\nu_i, x) = \begin{cases} (x - c_i - bk\nu_i)/\alpha_i & \text{falls } bk\nu_i \leq x - c_i; \\ 0 & \text{sonst.} \end{cases} \quad (7.47)$$

Kandidaten für ein Nash-Gleichgewicht der Normalform $(\mathcal{F}_1,\mathcal{F}_2\,;\,\mathcal{J}_1,\mathcal{J}_2)$ lassen sich nun aus

$$\phi_i^\star(t,x^\star(t)) = \hat{u}_i(\eta_i(t),x^\star(t)) \tag{7.48}$$

bestimmen, wobei wegen der Identität $\eta_i(t) = \lambda_i(t)e^{r_i t}$ die neue Kozustandsgleichung

$$\dot{\eta}_i(t) = r_i\eta_i(t) - \frac{\partial \tilde{H}_i^\star}{\partial x} - \frac{\partial \tilde{H}_j^\star}{\partial u_j}\frac{\partial \phi j^\star(t,x^\star)}{\partial x} \tag{7.49}$$

und $\eta_i(T) = 0$ für $i = 1,2$, $j = 1,2$ und $i \neq j$ gilt. $\frac{\partial \tilde{H}_i^\star}{\partial \bullet}$ bezeichnet die Auswertung von $\frac{\partial \tilde{H}_i}{\partial \bullet}$ für t, $x = x^\star(t)$, $u = \phi^\star(t,x^\star(t))$ und $\nu_i = \eta_i(t)$. $x^\star(\cdot)$ ist die durch $x^\star(0) = x_0$ und

$$\dot{x}^\star(t) = k[a - b(\phi_1^\star(t,x^\star(t)) + \phi_2^\star(t,x^\star(t))) - x^\star(t)] \tag{7.50}$$

gegebene aktuelle Preistrajektorie.

Für den Fall verschwindender Unterschiede zwischen den beiden Produzenten, d.h. $r_1 = r_2 = r$, $c_1 = c_2 = c$ und $\alpha_1 = \alpha_2 = \alpha$, und für die vereinfachende Gewichtung $\alpha = 1$ kann (der Kandidat[3] für) ein Nash-Gleichgewicht in offener Schleife wie folgt beschrieben werden.

Der Produktionspfad $_\bullet\phi^\star(\cdot) = \phi_1^\star(\cdot) = \phi_2^\star(\cdot)$ erfüllt zu Spielende die Bedingung

$$_\bullet\phi^\star(T) = x^\star(T) - c. \tag{7.51}$$

---

[3] wegen der Linearität der „maximierten" Hamilton-Funktion bezüglich der Zustandsvariablen x ist dieser Kandidat auch tatsächlich ein Nash-Gleichgewicht.

Aus (7.49) folgt die Kozustandsgleichung

$$\dot{\eta}(t) = (r + k)\eta(t) - {}_{\bullet}\phi^{\star}(t),\qquad(7.52)$$

die, wegen $\eta(T) = 0$, folgende eindeutige Lösung besitzt

$$\eta(t) = e^{(r+k)t}\int_{t}^{T} e^{-(r+k)s}{}_{\bullet}\phi^{\star}(s)\,ds.\qquad(7.53)$$

Wegen

$$\dot{x}^{\star}(t) = k[a - 2b_{\bullet}\phi^{\star}(t) - x^{\star}(t)]\qquad(7.54)$$

ist die aktuelle Preistrajektorie $x^{\star}(\cdot)$ durch

$$x^{\star}(t) = e^{-kt}\left(k\int_{0}^{t} e^{ks}[a - 2b_{\bullet}\phi^{\star}(s)]\,ds + x_0\right)\qquad(7.55)$$

${}_{\bullet}$ gegeben.

Unterschreitet nun zu Spielbeginn der aktuelle Preis x_0 den Schwellenwert $bk\eta(0) + c$, so versuchen die Duopolisten durch Produktionsverzicht im Zeitabschnitt $[0,\tau]$ den Preis zu erhöhen. Dabei ist τ derjenige Zeitpunkt, für den erstmals der aktuelle Preis

$$x^{\star}(\tau) = a(1 - e^{-k\tau}) + x_0 e^{-k\tau}\qquad(7.56)$$

mit dem Schwellenwert $bk\eta(\tau) + c$ übereinstimmt.

Der Produktionspfad ${}_{\bullet}\phi^{\star}(\cdot)$ und die aktuelle Preistrajektorie $x^{\star}(\cdot)$ können für $t > \tau$ als Lösungen des Differentialgleichungssystems

$$\begin{aligned}
{}_{\bullet}\dot{\phi}^{\star} &= -(r + 2k)x^{\star} + (r + k)(c + {}_{\bullet}\phi^{\star}) - 2bk_{\bullet}\phi^{\star} + ka;\\
\dot{x}^{\star} &= k[a - 2b_{\bullet}\phi^{\star} - x^{\star}]
\end{aligned}\qquad(7.57)$$

mit den Randbedingungen (7.51) und (7.56) bestimmt werden.

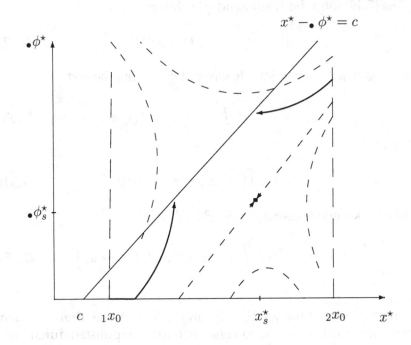

$$x^\star - {}_\bullet\, \phi^\star = c$$

Bild 7.2: Produktionspfad und Preistrajektorie (offene Schleife)

Überschreitet zu Spielbeginn der Preis x_0 den Schwellenwert $bk\eta(0) + c$, so erhält man Produktionspfad und aktuellen Preis als Lösungen von (7.57) unter den Randbedingungen $x^\star(0) = x_0$ und (7.51).

Eine qualitative Aussage über die genaue Preisentwicklung und den Produktionsverlauf im Nash-Gleichgewicht in offener Schleife erfolgt in Bild 7.2 anhand des Phasendiagramms des Systems von Differentialgleichungen (7.57).

Die abgebildeten Lösungen für unterschiedliche Anfangswerte des aktuellen Preises starten auf den Geraden $x^\star = {}_1x_0$ und $x^\star = {}_2x_0$ und landen (zum Zeitpunkt T) auf der Geraden $x^\star - {}_\bullet\, \phi^\star = c$.

7.3 Ein Modell zu Goethes *Faust*

> Allerdings ist die Rettung des Goethe'schen Faust eine harte Nuss, an der die Gelehrten seit 1832 knacken; oft sehr gewaltsam, und zuweilen am Kern vorbei ...
>
> **Günther Mahal.** ABC um Faust

> Die Mathematiker sind eine Art Franzosen: redet man zu ihnen, so übersetzen sie es in ihre Sprache, und dann ist es alsobald ganz etwas anderes.
>
> **Johann Wolfgang von Goethe.** Maximen und Reflexionen

Das ursprüngliche Faustmotiv geht von einem auf begrenzte Zeit abgeschlossenen Teufelspakt zwischen Seelenfischer und Altakademiker aus. Bei Goethen erfährt dieser Pakt eine Umwandlung in eine Wette, deren wesentliches Kriterium den Zeitpunkt, zu dem Faust seiner Seele verlustig gehen soll, bestimmt:

> *Werd ich zum Augenblicke sagen:*
> *Verweile doch! du bist so schön!*
> *Dann magst du mich in Fesseln schlagen,*
> *Dann will ich gern zugrunde gehn!*
> Faust 1, ii, Zeilen 1699-1702.

Es handelt sich dabei um einen eher zufälligen Zeitpunkt, dessen Eintreten von beiden Gegnern verschieden eingeschätzt wird. Wir können somit zwei Zustandsvariable x_i, $i = 1, 2$, definieren, die zu jedem Zeitpunkt t die Wahrscheinlichkeit $x_i(t)$ ausdrücken, dass der höchste Augenblick aus der Sicht des jeweiligen Spielers (Mephisto für $i = 1$, Faust für $i = 2$) innerhalb des Zeitraumes $[0,t)$ realisiert wird.

Mephisto vermutet, dass der ominöse „höchste Augenblick" nur durch laufend erfolgende verführerische Machinationen m herbeizitiert werden kann:

> *Ein solcher Auftrag schreckt mich nicht*
> *Mit solchen Schätzen kann ich dienen;*
> Faust 1, ii, Zeilen 1688-1689.

195

und schätzt dieses erfreuliche Risiko als jeweils direkt proportional zur momentanen Machination ein, d.h. die bedingte Wahrscheinlichkeit, dass der höchste Augenblick genau zum Zeitpunkt t erfolgt, unter der Annahme, dass die Wette noch im Gange ist, kann durch

$$\frac{\dot{x}_1}{(1 - x_1)} = c_1 m \qquad (7.58)$$

angegeben werden, wobei c_1 konstant und sein Anfangswert des Zustandes durch $x_1(0) = 0$ gegeben ist.

Faust, hingegen, bezweifelt Mephistos Sicht

> *Was willst du armer Teufel geben?*
> *Ward eines Menschen Geist,*
> *in seinem hohen Streben,*
> *Von deinesgleichen je gefaßt;*
> Faust 1, *ii*, Zeilen 1675-1677.

und ist sich bewusst, dass der entscheidende Augenblick nur durch momentane (tätige) Reue r erreicht werden kann, d.h. in spiegelbildlicher Umkehrung des teuflischen Formelwerks

$$\frac{\dot{x}_2}{(1 - x_2)} = c_2 r, \qquad (7.59)$$

wobei c_2 eine Konstante und die Anfangswertbedingung durch $x_2(0) = 0$ gegeben ist.

Mephistos erwarteter Nutzen J_1 besteht aus zwei Komponenten – jede mit der Wahrscheinlichkeit des sie bedingenden Ereignisses gewichtet. Falls er zum Zeitpunkt t die Wette gewinnt, erhält Mephisto den Gegenwert v für Faustens Seele,

> *Mir ist ein großer, einziger Schatz entwendet:*
> *Die hohe Seele, die sich mir verpfändet;*
> Faust 2, *ii*, Zeilen 11828-11829.

Ist der höchste Augenblick noch nicht erreicht, so muss der arme Teufel mit einem quadratischen Aufwand $d_1 m^2$

Ein großer Aufwand, schmählich! ist vertan;
Faust 2, v, Zeile 11837.

und dem ihm aus Faustens Reue entstandenen Disnutzen d_2r rechnen. Im Gegensatz zu Mephisto verknüpft Faust keinerlei Erwartungen an das Jenseits.

Das Drüben kann mich wenig kümmern;
Faust 1, ii, Zeile 1660.

Aus Freud'scher Sicht und Goethe'scher Deutung

Zwei Seelen wohnen, ach, in meiner Brust,
Faust 1, i. Vor dem Tore.

lassen sich Motivation und Komponenten des zweiten Zielfunktionals J_2 den verschiedenen Schichten der faustischen Seele zuordnen. Das hedonistische *Es* bezieht den konkaven Nutzen $g_1m(\bar{m} - m)$ aus der momentanen Verführung, wobei $\bar{m}$ für die natürliche Schranke seiner libidinösen Bedürfnisse steht. Das moralische *Überich* kann maximal die momentane Verführung bereuen, was unmittelbar aus der Gestalt des zweiten Nutzenterms $g_2m(2m - r)$ abzuleiten ist. Das Differentialspiel zwischen Mephisto und Faust lässt sich nun wie folgt ansetzen:

$$\max_{m \geq 0}\left\{ J_1 = \int_0^T [v\dot{x}_1 - (d_1m^2 + d_2r)(1 - x_1)]dt \right\}; \qquad (7.60)$$

$$\max_{r \geq 0}\left\{ J_2 = \int_0^T [g_1m(\bar{m} - m) + g_2r(2m - r)](1 - x_2)dt \right\} \qquad (7.61)$$

unter den dynamischen Nebenbedingungen:

$$\dot{x}_1 = c_1m(1 - x_1); \; x_1(0) = 0, \qquad (7.62)$$

$$\dot{x}_2 = c_2r(1 - x_2); \; x_2(0) = 0. \qquad (7.63)$$

Aus der Gestalt der Hamilton-Funktionen

$$H_1 = v\dot{x}_1 - (d_1 m^2 + d_2 r)(1 - x_1) + \mu_{11}\dot{x}_1 + \mu_{12}\dot{x}_2;$$

$$H_2 = [g_1 m(\bar{m} - m) + g_2 r(2m - r)](1 - x_2) + \mu_{21}\dot{x}_1 + \mu_{22}\dot{x}_2$$

können im hamiltonschen Spiel – unter der Annahme, dass sich die Maxima stets im Inneren der zulässigen Bereiche befinden – durch das Auflösen der notwendigen Optimalitätsbedingungen $\partial H_1/\partial m = 0$ und $\partial H_2/\partial r = 0$ folgende beste Antworten abgeleitet werden.
Faust reagiert auf jede teuflische Machination m gemäß

$$\hat{r}(m, \mu_{22}) = m + \frac{\mu_{22} c_2}{2 g_2}. \tag{7.64}$$

Lässt sich Mephisto auf ein simultanes Spiel gegen Faust ein, lautet seine beste Antwort:

$$\hat{m}(\mu_{11}) = \frac{c_1 (v + \mu_{11})}{2 d_1}. \tag{7.65}$$

Ersetzt man nun in (7.64) m durch $\hat{m}$, so bildet das Paar $(\hat{m}(\mu_{11}), \hat{r}(\hat{m}(\mu_{11}), \mu_{22}))$ ein Gleichgewicht des hamiltonschen Spiels.
Daraus lässt sich das Nash-Gleichgewicht in offener Schleife $(m^\star(\cdot), r^\star(\cdot))$ generieren, wobei:

$$m^\star(t) := \hat{m}(\lambda_{11}(t)); \quad r^\star(t) := \hat{r}(\hat{m}(\lambda_{11}(t)), \lambda_{22}(t)) \tag{7.66}$$

und die Kozustände $\lambda_{11}(\cdot)$ und $\lambda_{22}(\cdot)$ als Lösungen der Gleichungen

$$\begin{aligned}
\dot{\lambda}_{11} &= -\frac{\partial H_1(x_1^\star, x_2^\star, m^\star, r^\star, \lambda_{11}, \lambda_{12})}{\partial x_1} = \tag{7.67} \\
&= (v + \lambda_{11}) c_1 m^\star - d_1 (m^\star)^2 - d_2 r^\star,
\end{aligned}$$

$$\dot{\lambda}_{22} = -\frac{\partial H_2(x_1^\star, x_2^\star, m^\star, r^\star, \lambda_{21}, \lambda_{22})}{\partial x_2} = \tag{7.68}$$
$$= \lambda_{22} c_2 r^\star + g_1 m^\star (\bar{m} - m^\star) + g_2 r^\star (2m^\star - r^\star)$$

unter den Endbedingungen $\lambda_{11}(T) = \lambda_{22}(T) = 0$ gegeben sind.

Leitet man $m^\star(\cdot)$ und $r^\star(\cdot)$ nach t ab und berücksichtigt man dabei die sich aus (7.64) und (7.65) ergebenden Identitäten

$$\lambda_{11} = \frac{2d_1}{c_1} m^\star - v; \quad \lambda_{22} = \frac{2g_2}{c_2}(r^\star - m^\star), \tag{7.69}$$

so erhält man folgendes System von Differentialgleichungen für $m^\star$ und $r^\star$

$$\dot{m}^\star = \frac{c_1}{2}(m^\star)^2 - \frac{c_1}{2}\frac{d_2}{d_1} r^\star; \tag{7.70}$$

$$\dot{r}^\star = \left(\frac{c_1}{2} - \frac{c_2}{2}\frac{g_1}{g_2}\right)(m^\star)^2 + \frac{c_2}{2}\frac{g_1}{g_2}\bar{m}m^\star - \frac{c_1}{2}\frac{d_2}{d_1} r^\star + \frac{c_2}{2}(r^\star)^2, \tag{7.71}$$

mit den Randbedingungen

$$m^\star(T) = r^\star(T) = \frac{c_1}{2d_1} v. \tag{7.72}$$

7.3.1 In bunten Bildern wenig Klarheit

Eine klassische Methode zur Analyse eines Systems zweier Differentialgleichungen fußt auf der Erstellung eines Phasendiagramms. In einem ersten Schritt werden die Isoklinen des Systems bestimmt. Für (7.70) und (7.71) sind dies die Kurven $\dot{m}^\star = 0$ und $\dot{r}^\star = 0$. Die erste dieser Kurven ist stets eine Parabel, während die zweite ein beliebiger Kegelschnitt sein kann.

Die von Mehlmann und Willing in ihrem mathematischen Urfaust [79] postulierten parametrischen Bedingungen

$$\frac{d_2}{d_1}\sqrt{\frac{1}{3}\frac{g_1}{g_2}} \geq \frac{3}{2}\bar{m} \qquad (7.73)$$

und

$$\sqrt{\frac{1}{3}\frac{g_1}{g_2}} > \frac{1}{2} \qquad (7.74)$$

sichern die Existenz eines instabilen Schnittpunktes $(m_s^\star, s_s^\star)$ beider Isoklinen im Inneren des ersten Quadranten $m^\star \geq 0$; $r^\star \geq 0$.

Eine Interpretation dieser prosaischen Voraussetzungen wird im Kasten 7.1 vorgenommen.

Kasten 7.1: Poetische Konsistenz der Teufelswette

1. *Je höher Faustens Libido anzusetzen ist, desto weniger darf das Verführen Mephisto kosten, beziehungsweise die Reue Faust Genuss verschaffen; desto mehr sollte, andererseits, die Reue Mephisto irritieren, respektive das Verführen Faust verlocken.*

2. *Die Gewichtung des Nutzens der Faust aus der Verführung erwächst muss mindestens 75% der Gewichtung des ihm durch seine Reue entstehenden Gewinns betragen.*

Zur Illustration des Ablaufs der Teufelswette wollen wir zwei unterschiedliche Szenarien betrachten, die sich nur durch die Gewichtung der Terme im Zielfunktional Faustens unterscheiden. Beiden Szenarien gemeinsam sind folgende Parameter:

$$c_1 = 1; \quad c_2 = 1; \quad d_1 = \frac{1}{2}; d_2 = 8; \quad \bar{m} = 4. \qquad (7.75)$$

Für den Fall einer höheren Gewichtung des Nutzens, den Faust aus der Verführung bezieht

$$\frac{g_1}{g_2} = 2,$$

(7.76)

lässt sich das gleichgewichtige Wechselspiel von Verführung und Reue in Bild 7.3 verfolgen.

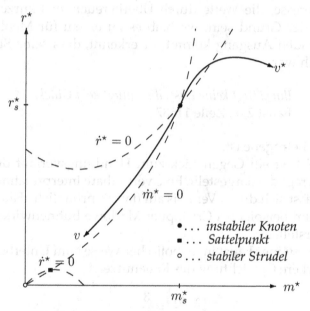

Bild 7.3: Das erste Szenario: Goethes *Faust*

Obwohl Faust der Verführung weitaus mehr abgewinnen kann, besteht seine Gleichgewichtsstrategie im Überbereuen. Dieses eher paradox scheinende Verhalten kann wie folgt erklärt werden.

Da Mephisto durch Faustens Reue so sehr gestört wird, muss er auf ein baldiges Ende der Wette drängen. Er setzt deshalb seine

Machinationen viel zu hoch an und senkt sie nur dann ab, wenn der Seelenwert v für ihn nicht verlockend genug ist. In Bild 7.3 ist ein hoher Seelenwert v^* und ein gewöhnlicher Seelenwert v zum unmittelbaren Vergleich der unterschiedlichen Machinations- und Reuepfade eingetragen.

Faust bezieht also in Wirklichkeit keinen Nutzen aus dem, was ihm der Teufel bietet. So dient Mephisto unserem Doktor, sage und schreibe, zweimal das schönste Weib der griechischen Antike an, obwohl diesem bereits ein einfaches deutsches Mädchen genügen würde. Da der Disnutzen aus der übertriebenen Verführung auch (mindestens) doppelt so stark ins Gewicht fällt, hat Faust selbst ein großes Interesse, die Wette durch Überbereuen abzukürzen. Dies mag auch der Grund sein, weshalb es zu einem für Mephisto so enttäuschenden Ausgang kommt. Er erkennt, dass seine Sicht des Spiels falsch war

Ihn sättigt keine Lust, ihm gnügt kein Glück.
Faust 2, v, Zeile 11587.

und er der Betrogene ist.

In Bild 7.4 ist ein Gegenstück zum Handlungsverlauf der Goethe'schen Tragödie dargestellt. Eine vertretbare Interpretation dieser Situation lässt sich durch Verweis auf das ursprüngliche Faustmotiv – wie es zum Beispiel bei Cristopher Marlowe Bühnenwirksamkeit erlangt – erstellen.

Mephisto zwingt Faust in diabolischer Weise zum Unterbereuen – dessen stärkere Gewichtung des Reuenutzens

$$\frac{g_1}{g_2} = \frac{3}{4} \tag{7.77}$$

ausnützend. Im Unterschied zum Bild 7.3 wird Fausts Gesamtnutzen dadurch positiv, Mephistos Nutzen hingegen vermindert; eine Situation, die ein vorzeitiges Ende der Wette eher unwahrscheinlich erscheinen lässt. Für einen mittleren Seelenwert v^* verzeichnet Mephisto, knapp vor Ablauf der Frist, vorerst eine Abnahme der

Verführungsintensität, während Faust seine Reue steigert, um sich sodann vom Teufel mitreißen zu lassen.

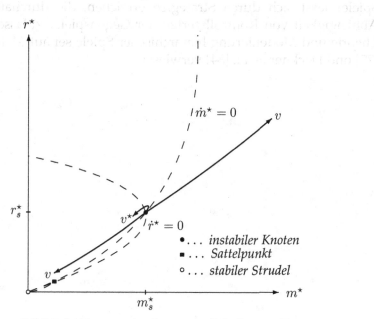

Bild 7.4: Das zweite Szenario: Marlowes *Faust*

Bei einem etwas höherem Seelenwert (im Bereich zwischen den beiden Isoklinen, jedoch in unmittelbarer Nähe von $\dot{r}^\star = 0$) kann man das bei Marlowe beschriebene Nachlassen der teuflischen Aktivitäten und Faustens allzu späte – und deshalb sinnlose – Reue beobachten.

Unseliger Faust, wo findest du nun Gnade?
Ja, ich bereue und verzweifle trotzdem.
The Tragical History of Doctor Faustus, *5ter Akt, 14te Szene*

Anmerkungen zu Kapitel 7

Bei unserem Einstieg in die Theorie der Differentialspiele haben wir für jede infinitesimale Zeitspanne die rein simultane Spielweise vorausgesetzt. Eine hierarchischen Reihung für die Zugfolgen der Spieler lässt sich durch Strategien erreichen, die durchaus eine Abhängigkeit von Kontrollwerten der Gegenspieler zulassen. Zur Theorie und Modellierung hierarchischer Spiele sei auf Mehlmann [77] und Dockner et. al. [34] verwiesen.

Kapitel 8
Kooperative Spiele
oder
Vom Teilen und Herrschen

8.1 (Nichtkooperative) Rituale des Teilens

Das wohl berühmteste Teilungsproblem der Bibel hatte eher die Klugheit des Teilers als die Frage der Fairness thematisiert. Das salomonische Urteil kann somit als ein würdiger Vorläufer der Signalisierspiele gewertet werden. Der weise Ratschlag, das an sich unteilbare Kind in zwei gleiche Teile zu zerschneiden, sollte vor allem eines bewirken: unter den zwei Müttern die eine Falsche zu entlarven.

Zweifellos war das Signal der echten Mutter klar, verständlich[1] und voraussehbar. König Salomos leichtes Spiel mit den beiden Müttern lässt sich jedoch vor allem auf die Tatsache zurückführen, dass die falsche Mutter naiv, ziemlich kurzsichtig und eher parabel-konform[2] reagierte.

Wie wäre wohl der salomonischen Weisheit letzter Schluss ausge-fallen, falls beide Mütter – in echter und vorgespielter Sorge um das Leben des Säuglings – zugunsten der jeweils anderen auf das Kind verzichtet hätten? Ein mehr oder weniger weiser Richter unserer Tage würde wohl beiden Frauen ein eingeschränktes Besuchsrecht einräumen und den Säugling zu guter Letzt der Obhut des Jugend-amtes überantworten.

---

[1] Die echte Mutter sprach: „So gebt es nur der anderen, auf dass ihm kein Leid geschehe."

[2] Die falsche Mutter sprach: „Nur zu! Teilet das Kind. So soll es keine von uns bekommen."

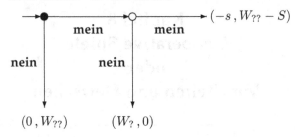

Bild 8.1: Salomos Urteil nach einer extensiven Befragung

Statt mit der Zweiteilung des Säuglings zu drohen, hätte jedoch ein despotischer Monarch durchaus auch die Vierteilung der Mütter aufs Tapet bringen können. Glazer und Ma [46] entwerfen für einen spieltheoretisch beschlagenen Salomo ein einfaches extensives Spiel, das mittels einer keineswegs hochnotpeinlichen Befragung das Ziel der Entlarvung nur unter Androhung finanzieller Opfer erreicht.

Salomo, der anfänglich die echte Mutter nicht von der falschen unterscheiden kann, stehen zwei Strafen s und S zur Verfügung, die folgender Ungleichung genügen:

$$0 < s < W_f < S < W_e, \tag{8.1}$$

wobei angenommen wird, dass die echte Mutter die Zuerkennung des Kindes mit W_e bewertet, die falsche jedoch mit W_f.

In Bild 8.1 stellt Salomo vorerst der erste Frau die Frage, ob es ihr Säugling sei. Lautet die Antwort: **nein**, so wird das Kind der zweiten Frau zugesprochen. Deren (aus Salomos Sicht unbekannter) Nutzen $W_{??}$ beträgt W_e Einheiten, falls sie die echte Mutter ist, und W_f Einheiten andernfalls. Die erste Frau erzielt in diesem Fall nur einen Nutzen von 0.

Lautet die Antwort hingegen: **mein**, so wird die gleiche Frage nunmehr an die zweite Frau gerichtet. Bei **nein** erhält die erste Frau das Kind zugesprochen, wobei ihr Nutzen $W_?$ wiederum entweder W_e oder W_f beträgt. Die zweite Frau geht selbstverständlich leer aus.

Konsequenzen zeitigt hingegen die zweite **mein**-Antwort. Die erste Frau bekommt an Kindes statt eine Strafe s zugesprochen, die jedoch kleiner als der Nutzenwert einer siegreichen falschen Mutter ist. Ebenfalls bestraft wird die zweite, jedoch siegreiche, Frau. Ihre Strafe S liegt betragsmäßig zwischen den Nutzenwerten W_f und W_e.

Diese in Unkenntnis der Wahrheit angekündigten Strafen üben die zwanghafte Wirkung eines Wahrheitsserums aus. Falls nämlich die erste Mutter die Hochstaplerin ist, so weiß sie, dass die echte Mutter im zweiten Entscheidungsknoten **mein** antworten wird (da $W_{??}(=W_e) - S > 0$ ist). Somit ist sie geradezu gezwungen im ersten Knoten die Wahrheit: **nein** einzugestehen, da ihr ansonsten ein Verlust von s Nutzeneinheiten droht.

Bei einer umgekehrten Rollenverteilung würde die zweite Mutter die Antwort **mein** jedenfalls vermeiden (da $W_{??}(=W_f) - S < 0$ ist). In Erwartung dieses Geschehens kann die erste Mutter ebenfalls bei der Wahrheit bleiben und sich damit den maximalen Gewinn $W_? = W_e > 0$ sichern.

Die Eignung mancher Mechanismen der Rückwärtsrechnung, zur Wahrheitsfindung in derart verzwickten Entlarvungssituationen beizutragen, darf uns nicht über die Tatsache hinwegtäuschen, dass man ihren Paradoxien auch im Ambiente der Teilungsprobleme ausgeliefert ist.

Ein klassisches Beispiel hierfür hat (unter dem in der Arbeit [47] propagierten kämpferischen Namen „Ultimatumspiel") die Aufmerksamkeit der Spieltheoretiker auf sich gezogen. Zwei Spieler versuchen Einvernehmen über die Aufteilung eines Kuchens zu erzielen. Der erste Spieler offeriert dem zweiten den Kuchenanteil x. Wird dieser Anteil vom zweiten akzeptiert, so wird der Kuchen demgemäß aufgeteilt; ansonsten gehen beide Spieler leer aus.

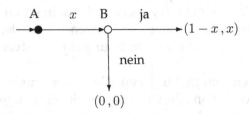

Bild 8.2: Das Ultimatumspiel

Nimmt man nunmehr an, dass der Kuchen[3] nur in m (endlich viele) Krümel aufgeteilt werden kann, und es somit einen kleinsten Krümel k gibt, so dass die möglichen Offerten des ersten Spielers als $x = i \cdot k$ für $i = 0,1,\dots,m$ dargestellt werden können, so liefert das Verfahren der Rückwärtsrechnung zwei teilspielperfekte Gleichgewichte für das extensive Spiel in Bild 8.2.

Für jede Offerte ab einem Krümel läuft die beste Antwort des zweiten Spielers stets auf die Annahme des Angebots hinaus. Wird hingegen nichts offeriert, so ist der Spieler indifferent zwischen Annahme und Ablehnung. Im ersten Gleichgewicht wird nun dem zweiten Spieler überhaupt nichts angeboten; eine Offerte, die nicht

---

[3] Im einfachsten Fall eines Verfahrens, mit dessen Hilfe zwei Leute einen Kuchen fair unter sich aufteilen, darf der erste Spieler ihn portionieren, während der Zweite die ihm zustehende Portion frei auswählen kann. Übersteigt die Anzahl der hungrigen Mäuler die Zweierzahl merklich, so werden die Verfahren wesentlich komplizierter. Siehe Hugo Steinhaus' [116] Vorschläge für ein Schleckermaultrio sowie (für den allgemeinsten Fall) als letzte Offenbarung die Rezepturen eines Steven Brams und seines schneidefreudigen Konditorgehilfen Alan Taylor [21], [22] und [23]. Vor Befolgung dieser Anweisungen sei jedoch bei Geburtstagsfeiern in allzu großem Kreise eingehend gewarnt. Im ersten Schritt müsste der Kuchen, um n Schleckermäuler zufriedenzustellen, in sage und teile $2^{(n-2)} + 1$ Stücke aufgeteilt werden. Da auch die Anzahl der zusätzlich benötigten Verfahrensschritte zur endgültigen Zuordnung sämtlicher Kuchenkrümel ungehörig groß ist, kann die sich daraus ergebende Wartezeit bei der Kuchenausgabe wohl nur zu mittleren Volksaufständen führen.

abgelehnt[4] wird (und als beste Antwort des ersten Spielers auf die erwartete Annahme erfolgt). Im zweiten Gleichgewicht hingegen rechnet der erste Spieler mit der Ablehnung der Nullofferte (was den Verlust eines ganzen Kuchens bedeuten würde) und verzichtet selbstlos auf einen Krümel k. Der zweite Spieler nimmt dieses großzügige Angebot an (in der stillen Hoffnung, dass der erste an seinen $(m - 1) \cdot k$ Krümeln ersticken möge).

Ergebnisse experimenteller Studien zum Ultimatumspiel stehen durchgehend in einem schroffen Gegensatz zu den Resultaten der Rückwärtsrechnung. In [102] lässt sich sogar die regionsspezifische Bereitschaft feststellen, dem zweiten Spieler unterschiedlich mehr zukommen zu lassen, als es die Theorie empfiehlt. Die Interpretation dieser Ergebnisse deutet geradezu in die Richtung evolutionärer Verhaltensnormen, die offensichtlich ein Ausdruck heterogener sozialer und kultureller Prägungen sind. Es bleibt zu befürchten, dass die Zentrifugalkräfte der Globalisierung diese divergierende Verhaltensregeln zugunsten einer myopischen Rationalität einebnen werden.

Fragen der Reziprozität, wie sie im Ultimatumspiel auftauchen, haben Matadore der Ökonomie vom Range eines Ernst Fehr dazu veranlasst, aus dem heimeligen Haus der Mathematik auszuziehen und sich auf lohnendere Seitensprünge mit der Psychologie und Neurowissenschaft[5] [115], [38] einzulassen.

---

[4] Dies erfolgt durchaus nicht überraschend, da es in den Nutzenvorstellungen des zweiten Spielers keinerlei Raum für Vergeltung gibt.

[5] Die Neuroökonomie darf sich numehr im Rahmen tomographischer *in vivo* Untersuchungen an die im anterioren cingulären Kortex ablaufenden Entscheidungs-, Belohnungs- und Empathiemuster verspielter Probanden herantasten.

8.2 Verhandlungsspiele nach Nash

Ein N-Personen Spiel $(S_1, \ldots, S_N\,; u_1, \ldots, u_N)$ in Normalform-Darstellung bietet durchaus den formalen Rahmen für die Suche nach kooperativen Lösungen. Die strategischen Konstellationen, die dafür in Frage kommen, dürfen allerdings nicht allein aus dem eingeschränkten Blickwinkel einer individuellen Rationalität heraus betrachtet werden.

Definition 8.1 Eine strategische Konstellation $s^{\mathfrak{p}}$ eines Spiels in Normalform-Darstellung heißt *kollektiv-rational* oder auch *Pareto-effizient*, falls es keine andere strategische Konstellation $s \neq s^{\mathfrak{p}}$ gibt, so dass

$$u_i(s) \geq u_i(s^{\mathfrak{p}}), \qquad (8.2)$$

für alle $i = 1, \ldots, N$ gilt. Ist $s^{\mathfrak{p}}$ kollektiv-rational, so bezeichnet man auch den Auszahlungsvektor $u(s^{\mathfrak{p}})$ als Pareto-effizient.

Die Menge aller Auszahlungsvektoren, die sowohl Pareto-effizient als auch aus der Sicht eines jeden Spielers individuell-rational sind, wird *Verhandlungsmenge* des Spiels genannt (siehe von Neumann und Morgenstern [89]).

Es sei folgendes Bimatrix-Spiel

$$
\begin{array}{c|c|c|}
 & 1 & 2 \\
\hline
1 & 0,\,-1 & 0,2 \\
\hline
2 & 2,\ \ 1 & -2,1 \\
\hline
\end{array}
\qquad (8.3)
$$

gegeben, das durchgehend mit gemischten Strategien gespielt wird, d.h $S_i := \{s_i = (x_i, 1 - x_i) \mid 0 \leq x_i \leq 1\}$ für $i = 1, 2$ bezeichnen die Strategienmengen, wobei x_i die Wahrscheinlichkeit ist, mit der Spieler i seine erste reine Strategie ausspielt.

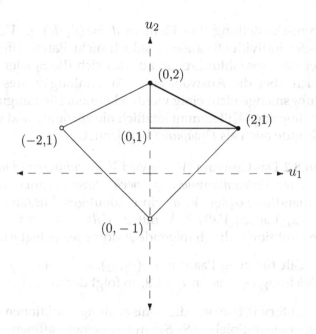

Bild 8.3: Verhandlungsmenge des Bimatrix-Spiels (8.3)

Alle Punkte am Rand und im Inneren des Vierecks aus Bild 8.3 entsprechen möglichen Paaren erwarteter Auszahlungen für die zwei Spieler, die das Bimatrix-Spiel (8.3) gemischt ausfechten.Die Pareto-effizienten Auszahlungspaare liegen auf dem Geradenabschnitt, der die Punkte $(0,2)$ und $(2,1)$ verbindet.

In unserem Beispiel sind die Sicherheitsschwellen der Spieler durch $s_1 = 0$ und $s_2 = 1$ gegeben. Sämtliche kollektiv-rationalen Auszahlungspaare sind deshalb, wie in Bild 8.3 ersichtlich, aus der Sicht beider Spieler auch individuell-rational.

Nash zeigt in [85], unter welchen Umständen eine eindeutige Auswahl aus der Menge Pareto-effizienten Auszahlungspaare getroffen werden kann, die aus der Sicht beider Spieler zusätzlich individuell-rational sind.

Es sei $V = \{(u_1(s), u_2(s)) \mid s \in S_1 \times S_2\}$ die kompakte und konvexe Menge der Auszahlungspaare eines Zweipersonen-Spiels in

211

Normalform-Darstellung. Ein Element $d = (d_1, d_2) \in V$, das für beide Spieler individuell-rational, jedoch nicht Pareto-effizient ist, bezeichnet das Auszahlungspaar, auf das sich die Spieler einigen, falls sie sich über die Auswahl eines Auszahlungspaares aus der Verhandlungsmenge nicht einig werden können. Die Einigung d für den Nichteinigungs-Fall kommt letztlich nie zustande und wird aus diesem Grunde auch als *Drohpunkt* bezeichnet.

Definition 8.2 Das Gespann $\langle V, d \rangle$ wird *Verhandlungsspiel nach Nash* genannt. Die *Verhandlungslösung nach Nash* ordnet nunmehr jedem Verhandlungsspiel $\langle V, d \rangle$ ein eindeutiges Auszahlungspaar $\varphi(V,d) = (\varphi_1(V,d), \varphi_2(V,d)) \in V$ mit $\varphi_i(V,d) \geq d_i$ für $i = 1,2$ zu, wobei die Funktion φ durch folgende Axiome festgelegt ist:

Apar Gilt für zwei Paare $v = (v_1, v_2), w = (w_1, w_2) \in V$ die Ungleichung $w_i > v_i$ für $i = 1,2$, so folgt daraus $\varphi(V,d) \neq v$.

Ainv Unterwirft man die Auszahlungsfunktionen u_i des Zweipersonen-Spiels $(S_1, S_2; u_1, u_2)$ einer affinen linearen Transformation, d.h. $u_i^*(s) := \gamma_i u_i(s) + \delta_i$, $i = 1,2$, wobei $\gamma_i > 0$, so ist die Verhandlungslösung des auf diese Weise neu definierten Verhandlungsspiels $\langle V^*, d^* \rangle$, wobei für den Drohpunkt d^* komponentenweise $d_i^* := \gamma_i d_i + \delta_i$ gilt, für $i = 1,2$ durch $\varphi_i(V^*, d^*) = \gamma_i \varphi_i(V,d) + \delta_i$ gegeben.

Asym Ist (das dem Verhandlungsspiel $\langle V, d \rangle$ zugrundeliegende Zweipersonen-Spiel) $(S_1, S_2; u_1, u_2)$ symmetrisch und erfüllt der Drohpunkt d die Bedingung $d_1 = d_2$, so stimmen auch die beiden Komponenten des Paares $\varphi(V,d)$ überein.

Auia Für ein Verhandlungsspiel $\langle W, d \rangle$ mit $V \subset W$ und $d, \varphi(W,d) \in V$, das durch Erweiterung des (strategischen) Handlungsspielraumes in $(S_1, S_2; u_1, u_2)$ entstanden ist, gilt $\varphi(W,d) = \varphi(V,d)$.

Die ersten drei axiomatischen Forderungen in der Definition 8.2 verlangen der Verhandlungslösung vernünftige Eigenschaften ab.

A*par* impliziert die Pareto-Effizienz, A*inv* postuliert die Invarianz der Lösung bezüglich linear affiner Transformationen der Nutzenwerte und A*sym* setzt (für den Fall der Austauschbarkeit der beiden Spieler) auf die Symmetrie des anzustrebenden Auszahlungspaares.

Das vierte Rad am axiomatischen Wagen rumpelt jedoch recht schwerfällig einher. Es fordert die Unabhängigkeit der Verhandlungslösung von irrelevanten Alternativen des zugrundeliegenden Spieles ein.

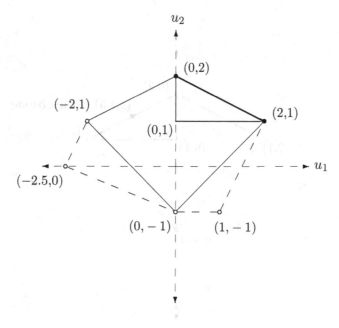

Bild 8.4: Axiom A*uia* und das Matrixspiel

Wird zum Beispiel das Bimatrix-Spiel (8.3) durch Hinzufügen einer dritten Strategie des Spaltenspielers zu

	1	2	3	
1	0, −1	0, 2	1, −1	(8.4)
2	2, 1	−2, 1	−2.5, 0	

erweitert, so ist das ursprüngliche Viereck der erwarteten Auszahlungswerte – wie in Bild 8.4 ersichtlich – nunmehr vollständig im neugeschaffenen Sechseck enthalten. Die dritte Strategie ist jedoch irrelevant, da sie von der zweiten Spaltenstrategie streng dominiert wird. Gemäß Axiom A*uia* muss die Verhandlungslösung des erweiterten Spieles, da sie notwendigerweise ein Element der Verhandlungsmenge in Bild 8.3 ist, auch Verhandlungslösung des urprünglichen Verhandlungsspiels sein.

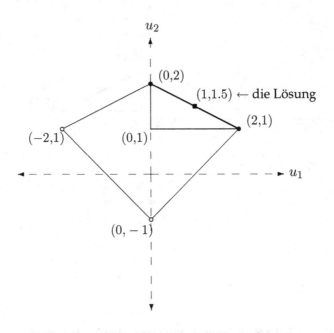

Bild 8.5: Verhandlungslösung für den Drohpunkt $d = (0,1)$

Der folgende Satz (Nash [85]) gibt ein einfaches Rezept zur Bestimmung der Verhandlungslösung an:

214

Satz 8.1 *Die einzige Funktion* φ, *die alle Axiome der Definition 8.2 erfüllt, ist durch*

$$\big(\varphi_1(V,d) - d_1\big)\big(\varphi_2(V,d) - d_2\big) = \max_{u_1 \geq d_1; u_2 \geq d_2} \big(u_1 - d_1\big)\big(u_2 - d_2\big) \quad (8.5)$$

gegeben, wobei $\big(\varphi_1(V,d), \varphi_2(V,d)\big)$ *das eindeutige Maximum der Funktion* $(u_1 - d_1)(u_2 - d_2)$ *im Bereich*

$$B^d := \big\{ u = (u_1,u_2) \in V \mid u \geq d = (d_1,d_2) \big\} \quad (8.6)$$

kennzeichnet.

Beweis. Für einen detailgetreuen und eleganten Beweis verweisen wir auf Osborne und Rubinstein [91]. q.u.e.d.

Sämtliche Punkte der Verhandlungsmenge des Bimatrix-Spiels 8.3 liegen auf dem Geradenabschnitt $u_2 = -u_1/2 + 2$; $0 \leq u_1 \leq 2$. Wählt man nun $d = (0,1)$ als Drohpunkt und ersetzt man in $u_1(u_2 - 1)$ die Variable u_2 durch $-u_1/2 + 2$ so erhält man das eindimensionale Maximierungsproblem

$$\max_{0 \leq u_1 \leq 2} u_1\big(-u_1/2 + 1\big). \quad (8.7)$$

Das eindeutige Maximum der Funktion $u_1\big(-u_1/2 + 1\big)$ erfüllt notwendigerweise die Bedingung

$$-u_1/2 + 1 - u_1/2 = 0. \quad (8.8)$$

Die Verhandlungslösung ist somit, wie in Bild 8.5 festgehalten, durch

$$\varphi_1(V,d) = 1; \quad \varphi_2(V,d) = 3/2 \quad (8.9)$$

eindeutig bestimmt.

8.3 Koalitionen und die charakteristische Form

In kooperativen Situationen, die mehr als zwei Spieler betreffen, kann das Entstehen unterschiedlicher Interessensgemeinschaften beobachtet werden. Ein formales Modell für derartige Vorgänge lässt sich wie folgt definieren.

Definition 8.3 Unter einem N-Personen Spiel in charakteristischer Darstellung (oder Form) verstehen wir ein Paar $(\mathcal{N}, \nu)$, wobei $\mathcal{N}$ die Menge aller Spieler bezeichnet, d.h

$$\mathcal{N} := \{1, \ldots, N\} \quad (8.10)$$

und die charakteristische Funktion $\nu : 2^{\mathcal{N}} \to \mathbb{R}$ jeder Teilmenge $\mathcal{S} \subseteq \mathcal{N}$ eine Zahl $\nu(\mathcal{S})$ zuordnet, die als der Betrag oder Spielwert interpretiert werden kann, den die Spieler $i \in \mathcal{S}$ gemeinschaftlich erringen können, falls sie eine Koalition bilden.

Jedes N-Personen Spiel in Normalform-Darstellung kann als N-Personen Spiel in charakteristischer Form dargestellt werden, falls man die Koalition $\mathcal{S}$ und die aus den restlichen Spielern gebildete Gegenkoalition $\mathcal{N} \setminus \mathcal{S}$ als Spieler eines Zweipersonen-Nullsummenspiels auffasst, und $\nu(\mathcal{S})$ als die Sicherheitsschwelle des Spielers $\mathcal{S}$ definiert.

In Harold Pinters „Der Hausmeister" sind die Brüder Aston und Mick sowie der alternde Stadtstreicher Davis in ein facettenreiches Beziehungsgeflecht um Anerkennung, Loyalität und Unterstützung verwickelt. Im szenischen Ablauf dreier Akte entstehen wechselnde Koalitionen jeweils zweier Protagonisten, die ihre Macht jeweils der dritten Figur gegenüber ausspielen. Das Gerüst des zugrundeliegenden Spiels in charakteristischer Form ist durch $(\mathcal{N}, \nu)$ mit $\mathcal{N} := \{1,2,3\}$, $\nu(\emptyset) = \nu(\{1\}) = \nu(\{2\}) = \nu(\{3\}) = 0$, $\nu(\mathcal{N}) = \nu(\{1,2\}) = \nu(\{1,3\}) = \nu(\{2,3\}) = 1$ gegeben.

N-Personen Spiele in Normalform, deren Auszahlungswerte für jede strategische Konstellation eine identische konstante Summe ergeben, besitzen eine charakteristische Funktion, die folgender Bedingung genügt:

$$\nu(\mathcal{S} \cup \mathcal{T}) \geq \nu(\mathcal{S}) + \nu(\mathcal{T}) \quad \text{für alle} \quad \mathcal{S} \cap \mathcal{T} = \emptyset. \tag{8.11}$$

Spiele in charakteristischer Form werden *superadditiv* genannt, falls ihre charakteristische Funktion die Eigenschaft (8.11) aufweist. Das Spiel zu Pinters „Der Hausmeister" ist supperadditiv.

Um den von der Koalition $\mathcal{S}$ gemeinsam errungenen Wert $\nu(\mathcal{S})$ unter den Spielern der Koalition aufteilen zu können, werden die Auszahlungswerte durchgehend als transferierbar und beliebig oft teilbar angenommen. Dieser Aufteilungsprozess wird durch die sogenannten Imputationen dargestellt.

Definition 8.4 Unter einem Auszahlungsvektor (oder *Imputation*) eines N-Personen Spiels in charakteristischer Form versteht man einen Vektor

$$\mathfrak{x} = (\mathfrak{x}_1, \ldots, \mathfrak{x}_N)^T, \tag{8.12}$$

der jedem Spieler, der an einer Koalition teilnimmt, mindestens soviel zukommen lässt, wieviel er auch als Einzelkämpfer erreichen würde, d.h

$$\mathfrak{x}_i \geq \nu(\{i\}), \quad \text{für alle} \quad i \in \mathcal{N}, \tag{8.13}$$

und der als Ergebnis einer von der großen Koalition durchgeführten Gewinnaufteilung angesehen werden kann, d.h.

$$\sum_{i=1}^{N} \mathfrak{x}_i = \nu(\mathcal{N}). \tag{8.14}$$

Für die teilnehmenden Spieler erfüllt somit eine Imputation $\mathfrak{x}$ gleichzeitig die Bedingungen der individuellen und der kollektiven Rationalität.

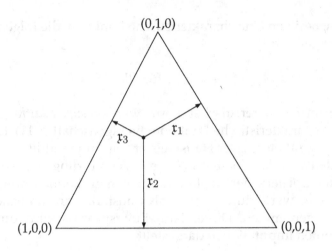

Bild 8.6: Eine Imputation in Pinters „Der Hausmeister"

Die als Punkt im Innern des Simplexdreiecks zulässiger Auszahlungsvektoren darstellbare Imputation des Dreipersonen-Spiels in Bild 8.6 kann komponentenweise durch den Normalabstand $\mathfrak{x}_i$ zwischen (Imputations-)Punkt und derjenigen Seite des Dreiecks, die dem Eckpunkt i gegenüberliegt, definiert werden.

Definition 8.5 Eine *Imputation* $\mathfrak{x}$ dominiert eine Imputation $\mathfrak{y}$ falls es eine Koalition $\mathcal{S}$ gibt, die folgenden Bedingungen genügt

$$\mathfrak{x}_i > \mathfrak{y}_i \quad \text{für alle} \quad i \in \mathcal{S}, \tag{8.15}$$

$$\sum_{i \in \mathcal{S}} \mathfrak{x}_i \leq \nu(\mathcal{S}). \tag{8.16}$$

Beim Dominanzvergleich kommen jedoch von vorneherein nur solche Koalitionen $\mathcal{S}$ in Frage, die aus mindestens zwei und aus höchstens $N-1$ Mitgliedern bestehen. Besteht nämlich $\mathcal{S}$ nur aus dem Spieler i, so würden paradoxerweise die Bedingungen (8.15)

und (8.16) die individuelle Rationalität von η aus seiner Sicht ver-
letzen. Ein Dominanzvergleich, der auf die große Koalition basiert,
würde dagegen die kollektive Rationalität von ꭓ in Frage stellen.

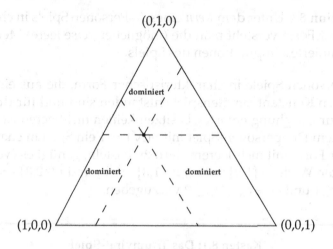

Bild 8.7: Von ꭓ dominierte Imputationen

Die Muster der Dominanz lassen sich in Bild 8.7 folgendermaßen
beschreiben. Für jede nur aus den Spielern k und l bestehende Koalition erfüllt die Menge der von ꭓ dominierten Imputationen η die
Ungleichungen

$$\eta_k < \mathfrak{x}_k; \quad \eta_l < \mathfrak{x}_l. \tag{8.17}$$

Somit stellt der durch (8.17) definierte Bereich der dominierten Imputationen einen Parallelogrammstreifen dar, der sich vom Punkt ꭓ
ausgehend in Richtung desjenigen Eckpunktes erstreckt, dessen
Index nicht zur Zweierkoalition gehört. Die Imputationen, die auf
den strichlierten Parallelogrammseiten positioniert sind, sind jedoch
undominiert, da für sie stets eine der Ungleichungen in (8.17) zur
Gleichung degeneriert.

Eine Imputation, die von keiner anderen dominiert wird, weist einen hohen Grad an Stabilität auf und wird deswegen als Lösung des kooperativen Spiels in charakteristischer Form interpretiert.

Definition 8.6 Unter dem *Kern* eines N-Personen Spiels in charakteristischer Form versteht man die (möglicherweise leere) Menge der undominierten Imputationen des Spiels.

N-Personen Spiele in charakteristischer Form, die aus einem N-Personen Konstantsummenspiel entstanden sind und für die (8.11) nicht zur Gleichung entartet, besitzen keinen nichtleeren Kern. Um aus einem Dreipersonen-Spiel mit $\nu(\mathcal{N}) = 1$ ein Spiel in charakteristischer Form mit nichtleerem Kern zu basteln, genügt es (Vorobjoff [121]) die Werte $\nu(\{1,2\}) = c_3$, $\nu(\{1,3\}) = c_2$ und $\nu(\{2,3\}) = c_1$ mit $0 \leq c_i \leq 1$ und $c_1 + c_2 + c_3 \leq 2$ vorzugeben.

Kasten 8.1: Das Triumvirat-Spiel

Die Proskriptionen des Jahres 43 vor Christus boten den Mitgliedern des zweiten Triumvirates eine hervorragende Gelegenheit, die erklecklichen Ausgaben für das Aufstellen, die Ausbildung und den Erhalt der für den Kampf gegen Brutus und Cassius bestimmten Legionen wenigstens teilweise wieder zu ersetzen. Während Marcus Aemilius Lepidus mit 30.000 Aurei keine allzu große finanzielle Altlast zu tragen hatte, konnte man dies weder von Marcus Antonius mit 50.000 und schon gar nicht von Octavian mit seinen 100.000 behaupten. Der Gesamtbetrag der aus Proskriptionen zu erwartenden Einkünfte belief sich vorsichtiger Schätzung nach auf etwa 150.000 Aurei.

Als charakteristische Funktion für das Triumvirat-Spiel, deren Spieler wir in der abnehmenden Reihenfolge der Finanzlasten anordnen, definiert man:

$$\nu(\mathcal{S}) := \max\left\{0,1 - \sum_{k \in \mathcal{N} \setminus \mathcal{S}} d_k\right\} \quad \text{für alle} \quad \mathcal{S} \subseteq \mathcal{N} = \{1,2,3\}, \quad (8.18)$$

wobei $d_1 = 100.000/150.000 = 2/3$, $d_2 = 50.000/150.000 = 1/3$ und $d_3 = 30.000/150.000 = 1/5$.

Die Triumviren, die sich zu einer Koalition S zusammengefunden haben, befriedigen vorerst die Ansprüche aller Übrigen. Bleibt ein strikt positiver Betrag über, so wird er unter den Mitgliedern der Koalition aufgeteilt.

Um den Kern des Triumvirat-Spiels zu bestimmen, benötigt man folgendes Ergebnis.

Satz 8.2 *Eine Imputation $\mathfrak{x}$ gehört dann und nur dann zum Kern eines kooperativen Spiels in charakteristischer Form, wenn für jede Koalition S, die aus mindestens zwei und aus höchstens $N - 1$ Mitgliedern besteht, die Ungleichung*

$$\nu(S) \leq \sum_{i \in S} \mathfrak{x}_i \qquad (8.19)$$

gilt.

Beweis. Falls die Imputation $\mathfrak{y}$ für eine Koalition S die Imputation $\mathfrak{x}$ dominiert, folgt daraus

$$\sum_{i \in S} \mathfrak{x}_i < \sum_{i \in S} \mathfrak{y}_i \leq \nu(S). \qquad (8.20)$$

Gilt somit (8.19) für alle Koalitionen S, die aus mindestens zwei und aus höchstens $N - 1$ Mitgliedern bestehen, so handelt es sich bei $\mathfrak{x}$ notwendigerweise um eine undominierte Imputation.

Die Bedingung (8.19) ist auch notwendig für die Zugehörigkeit der Imputation $\mathfrak{x}$ zum Kern. Für einen Beweis siehe Vorobjoff [121], S. 137. **q.u.e.d.**

Wegen (8.19) wird der Kern des Triumvirat-Spiels eindeutig durch folgende Ungleichung charakterisiert

$$\mathfrak{x}_2 + \mathfrak{x}_3 \geq \frac{1}{3}; \quad \mathfrak{x}_1 + \mathfrak{x}_3 \geq \frac{2}{3}; \quad \mathfrak{x}_1 + \mathfrak{x}_2 \geq \frac{4}{5}. \qquad (8.21)$$

Berücksichtigt man $\mathfrak{x}_1 + \mathfrak{x}_2 + \mathfrak{x}_3 = 1$, so lassen sich die Bedingungen in (8.21) äquivalent als

$$\mathfrak{x}_1 \leq \frac{2}{3}; \quad \mathfrak{x}_2 \leq \frac{1}{3}; \quad \mathfrak{x}_3 \leq \frac{1}{5} \tag{8.22}$$

anschreiben. Diese Kernaussage wird in Bild 8.8 ersichtlich gemacht.

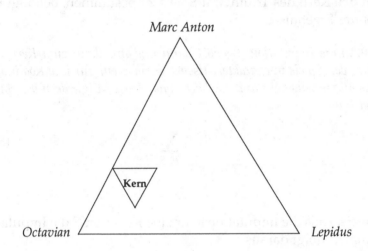

Bild 8.8: Der Kern des Triumvirat-Spiels

Die Auswahl einer eindeutig bestimmbaren Imputation, die dem Kern angehört, kann durch ein anderes Konzept zur Lösung eines kooperativen Spiels vorgenommen werden. Schmeidlers Nucleolus [109] ermittelt diejenige Imputation $\mathfrak{x}$, für welche die maximale Differenz

$$\nu(\mathcal{S}) - \sum_{i \in \mathcal{S}} \mathfrak{x}_i \tag{8.23}$$

unter allen möglichen Koalitionen den niedrigsten Wert erreicht. (8.23) ist ein Maß für die Unzufriedenheit der Koalitionäre in $\mathcal{S}$ mit der Imputation $\mathfrak{x}$.

Aumann und Maschler [7] haben zur Lösung des allgemeinen Bankrottproblems (als dessen Spezialfall letztlich unser Triumvirat-Spiel angesehen werden kann) den Nucleolus auf eine alternative Weise berechnet, die wir in der Folge stark verkürzt wiedergeben. Es sei a^+ als $\max(0,a)$ definiert. Man lässt vorerst eine Einigung zwischen Lepidus und den restlichen Triumviren auf eine Weise zu Stande kommen, die Lepidus den Anteil

$$l = \frac{1 - (1 - d_3)^+ - (1 - d_1 - d_2)^+}{2} + (1 - d_1 - d_2)^+ \qquad (8.24)$$

am Proskriptionsbetrag zuspricht. Danach verhandeln die restlichen Triumviren. Der Anteil von Marc Anton wird durch

$$\frac{1 - l - (1 - l - d_1)^+ - (1 - l - d_2)^+}{2} + (1 - l - d_1)^+ \qquad (8.25)$$

bestimmt. Insgesamt ergibt dies den Nucleolus

$$\mathfrak{x}_1 = \frac{37}{60}; \quad \mathfrak{x}_2 = \frac{17}{60}; \quad \mathfrak{x}_3 = \frac{1}{10}. \qquad (8.26)$$

Kapitel 9
Strategische Akzente
oder
Dogmen der spieltheoretischen Scholastik

Wie sehr die strategischen Akzente der Spieltheorie zu einer gemischten Glaubensfrage werden, soll in diesem Kapitel anhand unterschiedlicher Quellen der spieltheoretischen Scholastik gezeigt werden.

9.1 Den Gegner durchschauen

Die Fähigkeit zur Vorausschau oder Antizipation ist den Spielern bereits in Conan Doyles *The final problem* [28] in aller Mehrdeutigkeit zugeschrieben worden. Wir konnten uns in Kapitel 2 ein Bild davon machen.

Auch die Angst des Torwarts beim Elfmeter[1] lässt sich letztlich als grundsätzliche Scheu vor der falschen Entscheidung im Zyklus der Antizipation beschreiben. Kahn (Bayern) sollte sich wohl ins (von ihm aus gesehene) linke Toreck werfen, um Diegos (Werder) Schuss beim Elfmeter abzuwehren, falls der Stürmer nach rechts tendiert.

Unter der Annahme, dass Fußballspieler rational denkende Wesen sind und überdies zur Vorausschau neigen, könnte sich Diego auch für das andere Kreuzeck entscheiden oder den Ball mitten aufs Tor donnern. Eine tiefschürfende Analyse weiterer Antizipationsschlüsse kann man folglich den hierfür weitaus besser ausgebildeten Sportkommentatoren überlassen.

---

[1] in Ekeland [36] nach Handke zitiert

Während das Bestreben den Gegner zu durchschauen durchwegs als wichtiger Baustein einer Strategie begriffen werden kann, führt die Hereinnahme des Zufalls zu widersprüchlichen Interpretationen strategischer Denkweisen.

Von Aumann [4] stammt eine recht einleuchtende Erklärung für die Sinnhaftigkeit gemischter Strategien der Normalform. Die einem Spieler zugeordnete gemischte Strategie wird danach nicht nur als zufällige Auswahl seiner reinen Aktionen angesehen, sondern vor allem als eine von allen anderen geteilte Vorstellung (*belief*) seiner Verhaltensweisen. In einem gemischten Nash-Gleichgewicht ist somit jede (mit strikt positiver Wahrscheinlichkeit ausgewählte) wesentliche Strategie eines Spielers beste Antwort auf seine eigenen Vorstellungen gegnerischen Verhaltens.

Diesem Bild entsprechend werden Spiele vor allem im eigenen Kopf entschieden. Ein in mehrfacher Bedeutung außergewöhnliches Beispiel für diese idiosynkratische Form der spieltheoretischen Deduktion kann man in Gregor von Rezzoris[2] Magrebinischen Geschichten [100] entdecken.

Als der Wunderrabi von Sadagura eines Tages überraschend in die Stadt gerufen wird, sieht er sich folgender Konfliktsituation gegenüber. Die eher kärgliche Portion Fleisch, die er gerade für den Mittagstisch vorbereiten wollte, würde wohl in seiner Abwesenheit das Interesse seines Hündchens Bello wachrufen.

Die einzigen Optionen, die ihm somit zur Verfügung stehen, sind: Bello aussperren oder im Haus belassen. Wählt er die erste, so wird (seiner Ansicht nach) Bello sofort vermuten, dass es einen Grund für diese Wahl gibt. Folglich wird er wohl danach trachten, ins Haus zu

---

[2] Wie sehr dieser, leider maßlos unterschätzte, Chronist die Wahrheit erlog, kann der Autor dieser Zeilen am besten beurteilen. Als der maghrebinische Räuber Terente (der nicht nur in den maghrebinischen Geschichten sondern auch in der realen Welt sein unehrliches Handwerk ausübte) anfang der Zwanziger Jahre in eine Polizeifalle tappte, wurde mein Großvater, ehemals k.u.k Stadtarzt, mit dessen Wundversorgung betraut. Tränenüberstromt bat ihn der Robin Hood Maghrebiniens um fürsorglich ärztliche Hilfe und begründete seine Bitte mit dem Hinweis, er sei ein ehemaliger Klassenkamerad meines Vaters. *Non scholae, sed vitae discimus.*

gelangen, in weiterer Folge das Fleisch erschnuppern und es letztlich fressen. Entscheidet er sich hingegen für die zweite, so hätte Bello eigentlich keinen Grund, Verdacht zu schöpfen und wird somit weder das Fleisch erschnuppern, noch es letztlich fressen.

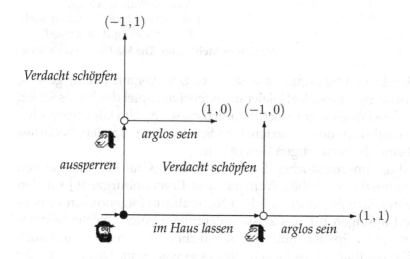

Bild 9.1: Den Gegner durchschauen – maghrebinische Variante

In Bild 9.1 haben wir das Spiel so angeschrieben, wie es aus der Sicht des weisen Mannes ablaufen sollte. Die Lösung wäre somit, Bello im Haus zu belassen, was auch letztlich geschehen. Als jedoch der Rabbi zurückkam, „hatte Bello das Fleisch gefressen. Da wandte der Rabbi sich zu seinem Hunde, klopfte ihm mit dem Finger gegen die Stirn und sagte in vorwurfsvoller Milde: Bello-Drehkopp[3]!".

---

[3] Ein im nachhinein vorgebrachter Zweifel an Bellos Rationalität?

9.2 Die gemeinsame Gewissheit

He thought he saw a Dirty Face
In common knowledge rage:
He looked again, and found it was
A Game Without a Sage.
'Just read this book,' he faintly said,
While blushing at each page!'
Alexander Mehlmann. The Mad Reviewer's Song

Der Rabbi von Sadagura war sich vor Spielbeginn (allzu) gewiss, dass Bello ein rationaler Spieler im extensiven Spiel des Bildes 9.1 ist. Diese Gewissheit war jedoch ziemlich einseitig. Um Gleichgewichte in Normalform- oder in extensiven Spielen auszuspielen, bedarf es wohl einer höherwertigen Gewissheit.

In ihrer unermüdlichen Suche nach dem Gral der interaktiven Erkenntnistheorie haben Aumann und Brandenburger [6] für den Fall eines Zweipersonen-Spiels in Normalform folgende hinreichende Bedingungen für das Zustandekommen eines Gleichgewichtes isoliert: jeder Spieler muss sich sämtlicher Nutzenwerte und auch der Rationalität seines Gegenspielers gewiss sein. Diese Stufe der Erkenntnis wird auch als *gegenseitige Gewissheit* bezeichnet.

Sobald jedoch die Anzahl der im Spiel verwickelten Personen die Zahl Zwei übersteigt, wird auch die gegenseitige Gewissheit nichts ausrichten können. Um einem Gleichgewicht nahezukommen, wird ein Spieler nicht nur gewisser Kennzeichen seiner Gegner gewiss sein müssen; diese wiederum sollten dessen gewiss sein, worüber er Gewissheit erlangt; er wiederum sollte auch dieser Gewissheit all seiner Gegner gewiss sein; und so weiter *ad infinitum*.

Noch ehe der Begriff der *gemeinsamen Gewissheit* die Phantasie der Entscheidungs- und Spieltheoretiker fesselte, brachte er die Welt in Gestalt logisch-mathematischer Rätsel zum Grübeln. Das älteste Beispiel dieser Art wurde uns in Littlewoods vermischter Sammlung [74] überliefert. Es handelt von drei viktorianischen Damen, die in einem Eisenbahnabteil sitzen und ob der rußbefleckten Gesichter der anderen beiden in ein hysterisches Gelächter ausbrechen.

Plötzlich bleibt einer der Damen das Lachen im Halse stecken, und sie errötet vor Scham. Warum dieses Benehmen eine unmittelbare Folge der gemeinsamen Gewissheit ist, werden wir später erklären. Vorerst wollen wir eine modernere Variante dieser Geschichte interpretieren.

Kasten 9.1: Der kakanische Maulwurf

Die Fünfte Kolonne des kakanischen Geheimdienstes, der gegenüber man selbst das Deuxième Bureau nur als zweitklassig bezeichnen konnte, hatte in ihrer erfolgreichsten Zeit mehr Maulwürfe als das MI-5.
Um diesen unhaltbaren Zustand zu beenden, wurde ein Fachmann für Kontraspionage in die Kolonne eingeschleust. Bereits nach einer Woche rief er alle Mitarbeiter zusammen und gab folgendes bekannt:

,,Meine Herren! Zumindest ein Maulwurf ist enttarnt. Er selbst ahnt es zwar noch nicht, doch seine Kollegen wissen Bescheid. Sobald der Betreffende die Gewissheit erlangt hat, entlarvt worden zu sein, bleibt ihm eine Stunde, um die Konsequenzen zu ziehen. Begeben Sie sich allesamt in Ihre separaten Arbeitsräume und verlassen Sie diese erst, wenn Sie den Knall einer Dienstwaffe vernehmen."

13 Stunden später durchpeitschten Schüsse die Amtsräume der Fünften Kolonne. Was war geschehen?

Um das kakanische Rätsel zu lösen, muss man zuallererst den Informationsstand der Kolonnenmitarbeiter gewichten. Bevor der Fachmann seine Ansprache hielt, wurde offensichtlich jeder Mitarbeiter informiert, welche Kollegen entlarvte Maulwürfe sind. Diese Information war jedoch vorerst nur eine einseitige Gewissheit. Erst mit der Ansprache kam der Erkenntnisprozess auf Touren. Die Information, dass es zumindest einen enttarnten Maulwurf gibt, wurde zur gemeinsamen Gewissheit.

Nun war die Anzahl der entlarvten Maulwürfe sicherlich größer als eins. Denn ansonsten, würde der einzige Mitarbeiter, der keine

Information über einen oder mehrere entlarvte Kollegen erhalten hätte, sofort Bescheid wissen, dass er enttarnt worden ist, und sich am Ende der ersten Stunde die Kugel geben.

Wären es nur zwei enttarnte Maulwürfe gewesen, so hätte im Prinzip jedermann zumindest den Namen eines entlarvten Kollegen mitgeteilt bekommen (und nur die beiden, deren Tarnung aufgeflogen war, genau einen Namen). Da jedoch die Anzahl der Entlarvten nicht zur gemeinsamen Gewissheit gehörte, wäre die erste Stunde lautlos verstrichen. Am Anfang der zweiten, hätte jeder der beiden, denen genau ein Name mitgeteilt wurde, Gewissheit über seine eigene Enttarnung erlangt. Am Ende dieser Stunde wären deshalb zwei Schüsse vernommen worden.

Wenn wir nun annehmen, dass sich $k - 1$ enttarnte Maulwürfe gegen Ende der $k - 1$-ten Stunde erschießen, dann würde jeder der k Kollonenmitarbeiter, denen nicht mehr als $k - 1$ Namen enttarnter Kollegen mitgeteilt wurden, nach der ohne jegliches Geräusch vergangenen $k - 1$-ten Stunde draufkommen, dass er ebenfalls entlarvt worden ist. Im Laufe der nächsten Stunde würde er die Pistole laden, seinen letzten Willen zu Papier bringen und danach[4] seinem Schöpfer gegenübertreten.

Das Rätsel des kakanischen Maulwurfs ist somit völlig gelöst. Es hat genau 13 enttarnte Maulwürfe[5] gegeben.

Die Funktion des öffentlichen Erreignisses, das alle Personen erst in die Lage versetzt, zur gemeinsamen Gewissheit zu gelangen, wird in Littlewoods Rätsel durch das hysterische Gelächter ersetzt.

Damit ist den drei reisefreudigen Damen klar, dass jede von ihnen weiß, dass zumindest eine ein verrußtes Gesicht besitzt, und dass alle wissen, dass sie es wissen, und so weiter und so fort. Ohne die

---

[4] in Erfüllung des strengen Ehrenkodexes dem kakanische Maulwürfe gemeinhin unterworfen sind

[5] Wer das Beispiel der kakanischen Maulwürfe als makaber einstuft, dürfte die klassischeren Varianten kaum kennen. In [83] erschießen 40 Frauen ihre ungetreuen Ehemänner, nachdem sie die gemeinsame Gewissheit erlangt hatten, dass es in ihrem matriarchalischen Königreich zumindest einen ungetreuen Ehemann gibt. In [44] werden die Seitensprünge auf dem fernen Planeten Womensa durch Kastration und öffentliche Zurschaustellung bestraft.

logische Reihenfolge des Errötens, die wir anhand der in Bild 9.2 angeführten Weltzustände erläutern wollen, lässt sich jedoch eine Auflösung des Littlewood'schen Rätsels nicht begründen.

	a	b	c	d	e	f	g	h
Gesicht 1	rein	Ruß	rein	rein	Ruß	Ruß	rein	Ruß
Gesicht 2	rein	rein	Ruß	rein	Ruß	rein	Ruß	Ruß
Gesicht 3	rein	rein	rein	Ruß	rein	Ruß	Ruß	Ruß

Bild 9.2: Die Weltzustände in Littlewoods' Rätsel

Treffen die Zustände b, c oder d zu, so hat jeweils eine und nur eine der Damen ein verrußtes Gesicht, die anderen beiden (und nur sie) einen Grund zum Lachen. Somit sollte die rußbefleckte Madam sofort erröten, da es ihr bewusst ist, dass die anderen über sie lachen.

Liegt hingegen e, f oder g vor, so erwarten beide rußbefleckten Damen, dass die jeweils andere sofort errötet. Ihrer Vermutung nach, könnten ja durchaus die Zustände b, c oder d vorliegen (und sie selbst ein reines Gesicht haben). Da jedoch die andere Dame nicht errötet, ist diese erste Vermutung falsch (und man verfügt selbst über ein verrußtes Gesicht). Somit erröten danach beide Damen gleichzeitig.

Im Zustand h erwarten schließlich alle, dass die anderen beiden simultan erröten. Da dies nicht geschieht, ringt sich jede der Drei zur Gewissheit durch, dass das eigene Gesicht voller Ruß ist, und man errötet friedlich zu dritt. Da hat wohl Littlewood die Anzahl der Errötenden bei weitem unterschätzt.

Mit der gemeinsamen Gewissheit hat man schließlich den wesentlichsten Teil der Dogmenlehre beschrieben, der die eigenartige Welt der Spiele „im Innersten zusammenhält". Gemeinhin bedienen sich gewisse Spiele[6] eines Weisen, um die Spieler in den Stand der gemeinsamen Gewissheit zu versetzen. Die wahren Weisen im Spiel der Spieltheorie sind die, welche die Beschwörungsformeln der gemeinsamen Gewissheit ohne logischen Schluckauf aufsagen können. Überträgt man diese Axiome in die Umgangssprache, vermeint man jedoch, die Litanei eines Scharlatans zu vernehmen.

Kasten 9.2: Dogmen der gemeinsamen Gewissheit

1. *Wenn man alles weiß, gibt es nichts, was man nicht weiß.*

2. *Nur das, was geschehen ist, kann man wissen.*

3. *Bevor man etwas wissen kann, muss man wissen, dass man es weiß.*

4. *Wenn man nicht weiß, dass etwas nicht geschah, dann weiß man zumindest dies.*

Wird der Zustand der gemeinsamen Gewissheit nicht in allen Informationsbelangen erreicht, so können durchaus schwerwiegende Folgen eintreten. Eine spieltheoretische Darstellung dieser bereits aus der Theorie verteilter Systeme – als Problem der koordinierten Attacke[7] – bekannten Zusammenhänge nimmt Rubinstein in [104] vor.

---

[6] die sogenannten *games with a sage*

[7] Dieses Problem kostete bekanntlich Napoleon den Sieg bei Waterloo. Die Marschälle Ney und de Grouchy konnten ihre Attacke auf die ebenfalls getrennt agierenden Armeen Wellington und Blüchers nicht koordinieren. De Grouchy schickte vermutlich an ney.marechal@waterloo.mil folgende elektronische Post ab: *Exzellenz! Sie erledigen Wellington; ich schnappe mir den Preußen. Bitte bestätigen!* Daraufhin Ney an de.grouchy.marechal@waterloo.mil: *Lieber de Grouchy! Angriff, wie vorgeschlagen. Empfang bestätigen!* Insolange jede Botschaft das Risiko des Nichtankommens in sich trägt, muss der Absender auf eine Bestätigung warten, die er wiederum bestätigen muss. Die Angriffskoordination kann nie gemeinsame Gewissheit werden.

9.3 Wider den Lauf der Dinge

> He thought he saw an Argument
> That proved he was the Pope:
> He looked again, and found it was
> A Bar of Mottled Soap.
> 'A fact so dread,' he faintly said,
> 'Extinguishes all hope!'
>
> **Lewis Carroll.** The Mad Gardener's Song

Es ist wohl kein Zufall, dass wir als Motto dieses Abschnittes eine der unvergesslichen Strophen des Mathematikers Charles Dodgson (alias Lewis Carroll[8]) ausgewählt haben. Der für seine verquere Logik berühmte Autor würde – könnte er von den Toten auferstehen – den Diskurs um die Entscheidungen wider den Lauf der Dinge sichtlich genießen.

Bedauerlicherweise haben wir im letzten Satz bereits ein *counterfactual* – eine bedingte Entscheidung wider den Lauf der Dinge – verwendet. Die Behauptung, Caroll würde den Diskurs sichtlich genießen, wird von einem Ereignis bedingt, von dem wir wissen, dass es nicht eintreten kann.[9]

Lassen wir nun für einen Augenblick sowohl Lewis Caroll als auch die Auferstehung von den Toten beiseite, um uns zum letzten Male in die Niederungen erkenntnistheoretischer Interpretationen zu begeben. Dabei interessieren uns insbesondere die Nachwehen der Paradoxien der Rückwärtsrechnung.

---

[8] Die Erkenntnis, dass Lewis Caroll (unter seinem bürgerlichen Namen) ein wesentlicher – wenn auch vollkommen unterschätzter – Vorläufer der Spieltheorie war, verdanken wir Dimand und Dimand [33]. In Briefen an politische Zeitgenossen und in einem erfrischend frechen Pamphlet über das Prinzip der parlamentarischen Vertretung erweist sich Carroll als ein stilistisch und mathematisch brillanter Kopf, dem spieltheoretische Denkmuster – 60 Jahre bevor die Disziplin entstand – erstaunlich vertraut scheinen.

[9] Falls dies ein esoterisches Fachbuch wäre, dann würde der gegenständliche Satz selbstverständlich kein *counterfactual* sein. (Hoppla, schon wieder ein *counterfactual*!)

Gemäß den strategischen Regeln der Rückwärtsrechnung zu agieren, wäre keinesfalls paradox, falls man diese Verhaltensweise als unmittelbare Folge der Rationalität ausgeben könnte. In [5] spielt Aumann die diesbezüglich stärkste Karte aus: die gemeinsame Gewissheit, dass alle Spieler rational sind.

Nun steht diese formal verkleidete, gemeinsame Gewissheit als eine Art dunkle Macht – nur vergleichbar dem Schicksalsfaden der Parzen – hinter dem Tun der Spieler. Ist sie einmal hergestellt in jenem zeitlosen, verwunschenen Bereich, den die Theoretiker gemeinhin als Vorspiel bezeichnen, so belastet sie in ihrer fatalen Unveränderlichkeit die Entscheidungskraft der Akteure. Selbst dann weichen diese – so Aumann – nicht vom aktuellen Pfad der Rückwärtsrechnung ab, wenn sie (oder ihre Mitspieler) einen in der Vergangenheit gültigen bereits verließen.

Was Ken Binmore [11] hauptsächlich an dieser Argumentation stört, ist das Dogma der Rationalität, das selbst durch ein noch so eindeutiges Fehlverhalten der ach so rationalen Spieler nicht zu erschüttern ist. Für ihn ist der erste Sündenfall in der Verwendung formaler Modelle begründet. Damit negiert er die Virtuosität eines Samet, der sowohl die Klaviatur des Formalismus [105], [106] als auch das Rapier des Pamphlets [107] bewundernswert beherrscht.

Mit Samets Pamphlet wird der Kreis geschlossen, und wir sind wieder bei Lewis Carroll angelangt. Im sechsten Kapitel seiner Wunderlandfortsetzung[10] *Through the Looking Glass and what Alice found there* begegnen wir schließlich der Ei gewordenen Hybris – Humpty Dumpty. In labiler Gleichgewichtslage auf einem engen Mauerrand balancierend, ergeht sich Humpty Dumpty in Erwartungshaltungen über Geschehnisse wider den Lauf der Dinge.

Falls er jemals herunterfallen sollte, – ein völlig unwahrscheinliches Ereignis – aber falls er dennoch herunterfallen sollte, würden des Königs Reiter ihn schon wieder auf seinen Platz hinaufschaffen.

---

[10] An der Werksausgabe [24] führt wohl kein Weg vorbei. Sie sei besonders dem ernsthaften Spieltheoretiker unter die Lesebrille gelegt. Für Computerfreaks sei [25] empfohlen.

Die Reiter des Königs, die Engel des Herrn, die Stimmen der Wähler und nicht zuletzt die gemeinsame Gewissheit der Rationalität; sie alle dürfen die Kastanien aus den Feuer holen, die niemals hätten hereinfallen dürfen. Doch kann man sich wirklich darauf verlassen? Fragen wie diese rütteln wahrlich an den Grundfesten unserer Zivilisation. Während in *Finnegans Wake*[11] Humpty Dumpty als Parabel für Luzifers Höllensturz herhalten muss, fügt Samet ihn als Mythos der Spieltheorie den großen Auferstehungsriten der Menschheit hinzu.

In unserer kurzlebigen Zeit bekümmert die Götter (der Politik) eher das Thema der Auferstehung nach Ablauf der gegenwärtigen Legislaturperiode. So entstehen Mythen in moderner Lesart, die sich allesamt dem Fall Humpty Dumptys anpassen lassen.

---

[11] Wir verweisen auf James Joyces kryptisches Meisterwerk, ohne die gleichnamige Ballade über den Sturz des trinkfesten Iren Tim Finnegan geringer zu schätzen.

Literaturverzeichnis

[1] ALÓS-FERRER, C. und K. RITZBERGER: *Trees and decisions*. Economic Theory, 25:763–798, 2005.

[2] AUMANN, R. J.: *Correlated Equilibrium as an Expression of Bayesian Rationality*. Econometrica, 55(1):1–18, 1987.

[3] AUMANN, R. J.: *Game Theory*. In: EATWELL, J., M. MILGATE und P. NEWMAN (Hrsg.): *The New Palgrave Dictionary of Economics*, S. 460–482. W.W. Norton, New York, 1987.

[4] AUMANN, R. J.: *What is Game Theory Trying to Accomplish?*. In: ARROW, K. J. und S. HONKAPOHJA (Hrsg.): *Frontiers of Economics*, S. 460–482. Blackwell, Oxford, 1987.

[5] AUMANN, R. J.: *Backward Induction and Common Knowledge of Rationality*. Games and Economic Behavior, 8:6–19, 1995.

[6] AUMANN, R. J. und A. BRANDENBURGER: *Epistemic Conditions for Nash Equilibrium*. Econometrica, 63(5):1161–1180, 1995.

[7] AUMANN, R. J. und M. B. MASCHLER: *Game Theoretic Analysis of a Bankruptcy Problem from the Talmud*. Journal of Economic Theory, 36:195–213, 1985.

[8] AXELROD, R.: *The Evolution of Cooperation*. Basic Books, New York, 1984.

[9] BERLEKAMP, E. R., J. H. CONWAY und R. K. GUY: *Gewinnen. Strategien für mathematische Spiele. Band 2: Bäumchen-wechsle-dich*. Friedr. Vieweg & Sohn, Braunschweig, 1985.

[10] BINMORE, K.: *Fun and Games: A Text on Game Theory*. D. C. Heath and Company, Lexington, Massachusetts, 1992.

[11] BINMORE, K.: *Rationality and Backward Induction*. Journal of Economic Methodology, 4:23–41, 1997.

[12] BLAQUIÈRE, A. und G. LEITMANN: *Jeux Quantitatifes.* Gauthiers-Villars, Paris, 1969.

[13] BOMZE, I. M.: *Non-cooperative Two-person Games in Biology: a Classification.* International Journal of Game Theory, 15:31–57, 1986.

[14] BOMZE, I. M.: *Detecting All Evolutionary Stable Strategies.* Journal of Optimization Theory and Applications, 75:313–329, 1992.

[15] BOMZE, I. M.: *Uniform barriers and evolutionarily stable sets.* In: *Game Theory, Experience, Rationality,* S. 225–244, Dordrecht, March 1998. Kluwer.

[16] BOREL, E.: *La théorie du jeu et les équations intégrales à noyau symétrique.* Comptes Rendus de l'Académie des Sciences, 173:1304–1308, 1921.

[17] BOREL, E.: *Applications aux jeux d'hasard.* In: *Traité du calcul des probabilités et de ses applications.* Gauthier-Villars, Paris, 1938.

[18] BRAMS, S. J.: *Biblical Games: A Strategic Analysis of Stories in the Old Testament.* The MIT Press, Cambridge, Massachusetts, 1980.

[19] BRAMS, S. J.: *Game Theory and Literature.* Games and Economic Behavior, 6:32–54, 1994.

[20] BRAMS, S. J. und W. DONALD: *Nonmyopic Equilibria in 2 × 2 Games.* Conflict Management and Peace Science, 6(1):39–62, 1981.

[21] BRAMS, S. J. und A. D. TAYLOR: *An Envy-Free Cake Division Protocol.* American Mathematical Monthly, 102(1):9–18, 1 1995.

[22] BRAMS, S. J. und A. D. TAYLOR: *On Envy-Free Cake Division.* Journal of Combinatorial Theory, Series A, 70(1):170–173, 4 1995.

[23] BRAMS, S. J. und A. D. TAYLOR: *Fair Division: From Cake-Cutting to Dispute Resolution.* Cambridge University Press, Cambridge, 1996.

[24] CARROLL, L.: *Through the Looking Glass and what Alice found there.* In: *The Complete Illustrated Works of Lewis Carroll,* S. 115–233. Chancellor Press, London, 1982.

[25] CARROLL, L.: *The Complete Annotated Alice.* Voyager Expanded Books. The Voyager Company, 1991.

[26] CASE, J. H.: *Economics and the Competitive Process.* Studies in game theory and mathematical economics. New York University Press, New York, 1979.

[27] CHO, I.-K. und D. M. KREPS: *Signaling Games and Stable Equilibria*. Quarterly Journal of Economics, CII(2):179–221, 1987.

[28] CONAN DOYLE, A.: *Die Memoiren des Sherlock Holmes*. Haffmans Verlag, Zürich, 1985.

[29] COURNOT, A. A.: *Recherches sur les principles mathematiques de la théorie des richesses*. M. Rivière & C.ie., Paris, 1838.

[30] CRESSMAN, R.: *Evolutionary Dynamics and Extensive Form Games*. The MIT Press, Cambridge, Massachussets, 2003.

[31] DAMME, E. VAN: *Stability and Perfection of Nash Equilibria*. Springer-Verlag, Berlin, 2002.

[32] DAWKINS, R.: *Das egoistische Gen*. Rowohlt Taschenbuch Verlag, Reinbek bei Hamburg, 1996.

[33] DIMAND, M. A. und R. W. DIMAND: *The History of Game Theory, Volume I: From the beginnings to 1945*. Routledge, London, 1996.

[34] DOCKNER, E., S. JORGENSEN, N. VAN LONG und G. SORGER: *Differential Games in Economics and Management Science*. Cambridge University Press, Cambridge, 2000.

[35] DRESHER, M.: *The Mathematics of Games of Strategy*. Dover Publications, New York, 1981.

[36] EKELAND, I.: *Zufall, Glück und Chaos: Mathematische Expeditionen*. Deutscher Taschenbuch Verlag, München, 1996.

[37] ELIADE, M.: *Mythos und Wirklichkeit*. Insel Verlag, Frankfurt am Main, 1988.

[38] FEHR, E., U. FISCHBACHER und M. KOSFELD: *Neuroeconomic Foundations of Trust and Social Preferences*. American Economic Review, 95:346–351, 2005.

[39] FEICHTINGER, G. und R. F. HARTL: *Optimale Kontrolle ökonomischer Prozesse*. Walter de Gruyter, Berlin, 1986.

[40] FLOOD, M. M.: *Some Experimental Games*. Management Science, 5:5–26, 1959.

[41] FRIEDMAN, A.: *Differential Games*. Wiley Interscience, New York, 1971.

[42] FUDENBERG, D. und J. TIROLE: *Game Theory*. The MIT Press, Cambridge, Massachusetts, 1991.

[43] GARDNER, M.: *Logik unterm Galgen*. Friedr. Vieweg & Sohn, Braunschweig, 1971.

[44] GARDNER, M.: *Puzzles from other worlds*. Vintage, 1984.

[45] GIRAUDOUX, J.: *Amphitryon 38*. Le Livre de Poche, Paris, 1975.

[46] GLAZER, J. und C.-T. A. MA: *Efficient Allocation of a "Prize": King Solomon's Dilemma*. Games and Economic Behavior, 1:222–233, 1989.

[47] GÜTH, W., R. SCHMITTBERGER und B. SCHWARZE: *An Experimental Analysis of Ultimatum Bargaining*. Journal of Economic Behavior and Organization, 3:367–388, 1982.

[48] HARSANYI, J. C.: *Games with Incomplete Information played by 'Bayesian' Players, Part I*. Management Science, 14:159–182, 1967.

[49] HARSANYI, J. C.: *Games with Incomplete Information played by 'Bayesian' Players, Part II*. Management Science, 15:320–334, 1968.

[50] HARSANYI, J. C.: *Games with Incomplete Information played by 'Bayesian' Players, Part III*. Management Science, 15:486–502, 1968.

[51] HARSANYI, J. C. und R. SELTEN: *A General Theory of Equilibrium Selection in Games*. The MIT Press, Cambridge, Massachusetts, 1988.

[52] HAUFF, W.: *Das kalte Herz und andere Märchen*. Reclam, Ditzingen, 1986.

[53] HESSE, H.: *Das Glasperlenspiel*. Suhrkamp Taschenbuch Verlag, Frankfurt am Main, 1972.

[54] HOFBAUER, J. und K. SIGMUND: *The Theory of Evolution and Dynamical Systems*. Cambridge University Press, Cambridge, 1988.

[55] HUGHES, P. und G. BRECHT: *Die Scheinwelt des Paradoxons: Eine kommentierte Anthologie in Wort und Bild*. Friedr. Vieweg & Sohn, Braunschweig, 1978.

[56] HUYGENS, C.: *De ratiociniis in ludo aleæ*. In: *Oeuvres complètes*, Bd. 5, S. 35–47. La Haye, 1925.

[57] HYGINUS: *Fabula XCV*. In: MARSHAL, P. (Hrsg.): *Hygini Fabulæ*, Bibliotheca scriptorum Græcorum et Romanorum Teubneriana. Teubner, Stuttgart, 1988.

[58] ISAACS, R.: *Differential Games*. John Wiley & Sons, New York, 1965.

[59] KAHN, H.: *On Thermonuclear War*. Princeton University Press, Princeton, New Jersey, 1960.

[60] KAHN, H.: *On Escalation: Metaphors and Scenarios.* Praeger, New York, 1965.

[61] KAKUTANI, S.: *A generalization of Brouwer's fixed point theorem.* Duke Mathematical Journal, 8:457–459, 1941.

[62] KARLIN, S.: *Mathematical Methods and Theory in Games, Programming and Economics.* Dover Publications, New York, 1992.

[63] KILGOUR, D. M.: *Equilibria for Far-sighted Players.* Theory and Decision, 16(2):135–157, 1984.

[64] KOHLBERG, E. und J.-F. MERTENS: *On the Strategic Stability of Equilibria.* Econometrica, 54:1003–1037, 1986.

[65] KRASSOVSKIJ, N. N.AND SUBBOTIN, A. I.: *Game-theoretical control problems.* Springer series in Soviet mathematics. Springer, Berlin, 1988.

[66] KREPS, D. M.: *A Course in Microeconomic Theory.* Harvester Wheatsheaf, New York, 1990.

[67] KREPS, D. M.: *Game Theory and Economic Modelling.* Oxford University Press, New York, 1990.

[68] KREPS, D. M. und R. WILSON: *Sequential Equilibria.* Econometrica, 50:863–894, 1982.

[69] KUHN, H. W.: *Extensive Games and the Problem of Information.* In: KUHN, H. W. und A. W. TUCKER (Hrsg.): *Contributions to the Theory of Games*, Bd. 2, S. 193–216. Princeton University Press, Princeton, 1953.

[70] LALU, I.: *Balance and game in the study of theatre.* Poetics, 6:339–350, 1977.

[71] LANCASTER, K.: *The dynamic inefficiency of capitalism.* Journalof Political Economy, 81:1092–1109, 1973.

[72] LEM, S.: *Die vollkommene Leere.* Insel Verlag, Frankfurt am Main, 1973.

[73] LEM, S.: *Sade und die Spieltheorie.* In: *Essays*, S. 79–118. Insel Verlag, Frankfurt am Main, 1981.

[74] LITTLEWOOD, J. E.: *A Mathematician's Miscellany.* Methuen and Company, London, 1953.

[75] MARCUS, S.: *Semiotics of Theatre: a mathematical-linguistic approach.* Revue Roumaine de Linguistique, 25(3):9–29, 1980.

[76] MAYNARD SMITH, J.: *Evolution and the Theory of Games.* Cambridge University Press, Cambridge, 1982.

[77] MEHLMANN, A.: *Applied Differential Games.* Plenum Press, New York, 1988.

[78] MEHLMANN, A.: *Stability and interaction in flatline games.* Computers & Operations Research, 33(2):500–519, 2006.

[79] MEHLMANN, A. und R. WILLING: *Eine spieltheoretische Analyse des Faustmotivs.* Mathematische Operationsforschung und Statistik, 15(2):243–252, 1984.

[80] MÉZIRIAC, B. DE: *Problèmes plaisants et délectables, qui se font par les nombres.* Lyon, 1612.

[81] MOORE, E. H.: *A generalization of the game called Nim.* Annals of Mathematics, 11:93–94, 1909.

[82] MORGENSTERN, O.: *Wirtschaftsprognose: Eine Untersuchung ihrer Voraussetzungen und Möglichkeiten.* Springer Verlag, Wien, 1928.

[83] MOSES, Y., D. DOLEV und J. Y. HALPERN: *Cheating Husbands and Other Stories: A Case Study of Knowledge, Action and Communication.* Distributed Computing, 1:167–176, 1986.

[84] NASAR, S.: *Genie und Wahnsinn: Das Leben des genialen Mathematikers John Nash.* Piper Verlag, 2002.

[85] NASH, J. F.: *The Bargaining Problem.* Econometrica, 18:155–162, 1950.

[86] NASH, J. F.: *Equilibrium Points in n-Person Games.* Proc. Nat. Acad. Sci. U.S.A., 36:48–49, 1950.

[87] NASH, J. F.: *Non-Cooperative Games.* Annals of Mathematics, 54(2):286–295, 1951.

[88] NEUMANN, J. VON: *Zur Theorie der Gesellschaftsspiele.* Mathematische Annalen, 100:295–300, 1928.

[89] NEUMANN, J. VON und O. MORGENSTERN: *Theory of Games and Economic Behavior.* Princeton University Press, Princeton, 1944.

[90] O'NEILL, B.: *The Strategy of Challenges: Two Beheading Games in Medieval Literature.* In: SELTEN, R. (Hrsg.): *Game Equilibrium Models IV,* S. 124–148. Springer-Verlag, Berlin, 1991.

[91] OSBORNE, M. J. und A. RUBINSTEIN: *Bargaining and Markets*. Academic Press, San Diego, 1990.

[92] OSBORNE, M. J. und A. RUBINSTEIN: *A Course in Game Theory*. The MIT Press, Cambridge, Massachusetts, 1994.

[93] POE, E. A.: *Phantastische Erzählungen*. Weltbild, Augsburg, 2007.

[94] POHJOLA, M.: *Nash and Stackelberg solutions in a differential game of capitalism*. Journal of Economic Dynamics and Control, 6(1):173–186, 1983.

[95] POUNDSTONE, W.: *Prisonner's Dilemma: John von Neumann, Game Theory, and the Puzzle of the Bomb*. Doubleday, New York, 1992.

[96] RAPOPORT, A.: *Fights, Games, and Debates*. University of Michigan Press, Ann Arbor, 1960.

[97] RAPOPORT, A.: *The Use and Misuse of Game Theory*. Scientific American, 207(6):108–118, Dezember 1962.

[98] RAPOPORT, A. und A. M. CHAMMAH: *Prisonner's Dilemma: A Study in Conflict and Cooperation*. University of Michigan Press, Ann Arbor, 2 Aufl., 1970.

[99] RAPOPORT, A., M. J. GUYER und D. G. GORDON: *The 2 × 2 Game*. University of Michigan Press, Ann Arbor, 1976.

[100] REZZORI, G. VON: *Maghrebinische Geschichten*. Rowohlt Taschenbuch Verlag, 1994.

[101] RITZBERGER, K.: *Foundations of Non-Cooperative Game Theory*. Oxford University Press, Oxford, 2002.

[102] ROTH, A. E., V. PRASNIKAR, M. OKUNO-FUJIWARA und S. ZAMIR: *Bargaining and Market Behavior in Jerusalem, Ljubljana, Pittsburgh, and Tokyo: An Experimental Study*. American Economic Review, 81(5):1068–1095, 1991.

[103] RUBINSTEIN, A.: *Finite Automata Play the Repeated Prisoner's Dilemma*. Journal of Economic Theory, 39:83–96, 1985.

[104] RUBINSTEIN, A.: *The Electronic Mail Game: Strategic Behavior under "Almost Common Knowledge"*. The American Economic Review, 79(3):385–391, 1989.

[105] SAMET, D.: *Hypothetical Knowledge and Games with Perfect Information*. Games and Economic Behavior, 17(2):230–251, 1996.

[106] SAMET, D.: *Rationality, Counterfactuals and No-matter-what Theories.* Faculty of Management, Tel Aviv University, Tel Aviv, Israel, 1997.

[107] SAMET, D.: *Counterfactuals in Wonderland.* Games and Economic Behavior, 51(2):537–541, 2005.

[108] SAMUELSON, L.: *Evolutionary Games and Equilibrium Selection.* The MIT Press, Cambridge, Massachussets, 1997.

[109] SCHMEIDLER, D.: *The nucleolus of a characteristic function game.* SIAM J. Appl. Math, 17, 1969.

[110] SELTEN, R.: *Spieltheoretische Behandlung eines Oligopolmodells mit Nachfrageträgheit.* Zeitschrift fur die gesamte Staatswissenschaft, 121:301–324, 667–689, 1965.

[111] SELTEN, R.: *Reexamination of the Perfectness Concept for Equilibrium Points in Extensive Games.* International Journal of Game Theory, 4:25–55, 1975.

[112] SELTEN, R.: *The Chain-Store Paradox.* Theory and Decision, 9:127–159, 1978.

[113] SHUBIK, M.: *Game Theory in the Social Sciences: Concepts and Solutions.* The MIT Press, Cambridge, Massachusetts, 1982.

[114] SIMAAN, M. UND TAKAYAMA, T.: *Game theory applied to dynamic duopoly problems with production constraints.* Automatica, 14:161–166, 1978.

[115] SINGER, T. und E. FEHR: *The Neuroeconomics of Mind Reading and Empathy.* American Economic Review, 95:340–345, 2005.

[116] STEINHAUS, H.: *Mathematical Snapshots.* Oxford University Press, New York, 1969.

[117] TAYLOR, P. D. und L. B. JONKER: *Evolutionarily stable strategies and game dynamics.* Math. Biosci., 40:149–156, 1978.

[118] THEODORESCU-BRÎNZEU, P.: *A systemic approach to the theatre.* Poetics, 6:351–374, 1977.

[119] THUKYDIDES: *Der Peloponnesische Krieg.* Phaidon Verlag, Essen, 1993.

[120] VOROBJOFF, N. N.: *Künsterische Modellierung, Konflikte und die Theorie der Spiele (russisch).* In: *Das Zusammenwirken der Wissenschaften und die Geheimnisse des künstlerischen Schaffens,* S. 348–372. Iskusstvo, Moskau, 1968.

[121] VOROBJOFF, N. N.: *Game Theory: Lectures for Economists and Systems Scientists*, Bd. 7 d. Reihe *Applications of Mathematics*. Springer-Verlag, New York, 1977.

[122] WALDEGRAVE, J.: *Minimax solution to 2-person zero-sum game, reported 1713 in letter from P. de Montmort to N. Bernoulli*. In: BAUMOL, W. J. und S. GOLDFIELD (Hrsg.): *Precursors of Mathematical Economics*, S. 3–9. London School of Economics, London, 1968.

[123] WEIBULL, J. W.: *Evolutionary Game Theory*. The MIT Press, Cambridge, Massachusetts, 1995.

[124] WOLFRAM, S.: *A New Kind of Science*. Wolfram Media, Inc., Champaign, Illinois, 2002.

Sachwort- und Namensverzeichnis

Mathematik als Teil der Kultur

Martin Aigner, Ehrhard Behrends (Hrsg.)
Alles Mathematik
Von Pythagoras zum CD-Player

2., erw. Aufl. 2002. VIII, 342 S. Br. € 24,90   ISBN 3-528-13131-4

Inhalt: Mit Beiträgen von Ph. Davis, G. von Randow, P. Deuflhard, M. Grötschel, J. H. van Lint, W. Schachermayer, A. Beutelspacher, B. Fiedler, J. Kramer, H.-O. Peitgen, V. Enß, M. Aigner, E. Behrends, E. Vogt, M. Henk und G. Ziegler, D. Ferus, P. Gritzmann, St. Müller, K. Sigmund, O. Finnendahl und P. Hoffmann

Die erste Auflage dieses Buches wurde sehr freundlich aufgenommen, die Herausgeber haben eine ganze Reihe von Kommentaren und Vorschlägen erhalten. In der jetzt vorliegenden 2. Auflage wurden die bisherigen Texte gründlich überarbeitet und außerdem drei neue Beiträge zu aktuellen Themen aufgenommen: Intelligente Materialien, Diskrete Tomographie und Spieltheorie. In diesen Kapiteln wird wieder Interessantes, Wissenswertes und vielleicht Überraschendes zu finden sein. Es ist die Hoffnung der Herausgeber, dass ihr Panorama aus klassischen und aktuellen Themen auch weiterhin die Leser davon überzeugen wird, dass (fast) „Alles Mathematik" ist.

„Der sehr gute Eindruck der ersten Auflage wird durch die 2., erweiterte Auflage noch verstärkt."   Zentralblatt MATH, 21/2004

Abraham-Lincoln-Straße 46
65189 Wiesbaden
Fax 0611.7878-400
www.vieweg.de

Stand 1.7.2006. Änderungen vorbehalten.
Erhältlich im Buchhandel oder im Verlag.